又见青藤

徐渭故里城市更新与改造实践初探

胡慧峰 著

东华大学出版社·上海

目录

自序

1986 年高考结束，因为发现所有的理工科专业中，唯有"建筑学"这个专业设立了美术课，于是，将所有的志愿都填成了"建筑学"，回想起来，懵懂却有幸。

大学一年级，绝大部分业余时间都泡在了学校图书馆的人文书籍里，如饥似渴地阅读了大量戏剧、电影和文学名著，受益匪浅。

建筑学关乎工程学、社会学、美学和哲学，庆幸的是，三十五年来的职业建筑师生涯，心无旁贷地只做这一件事，成就不大，却兴趣盎然。

2017 年年底，是偶然却又必然的机会，遇见了绍兴。这是个让我诚惶诚恐的城市，在这里做设计，面临的是全方位的考验和历练。徐渭艺术馆及青藤广场，是系列绍兴设计实践中的一份答卷。

中国有句俗话：拿人钱财替人消灾。这话的本意其实是告诫我们要做个靠谱的人，可信任的人。用在现在的职场，就是你要敬业。何止如此，我和我的团队，虽然完成了这份分内的工作，却自发组织了"又见青藤"城市设计计划，没有业主，没有报酬，没有功利心，却满腔热血地对徐渭故里进行了海量的调研和深入的研究，探索古城更新改造实践中精细化再生的方式和可能。从绍兴古城的历史文脉梳理及历史语境视角的分析，到绍兴古城更新改造设计策略初探；

从徐渭故里的历史沿革挖掘及其当代功能定位，到徐渭艺术馆及青藤广场等周边项目的实现；从大量自发性田野调查，文献阅读，结合原住民及城市生活参与者的利益诉求，到徐渭故里城市更新计划的提出，特别是徐渭故里城市设计的自发完成，以及广义又见青藤的概念提出，试图跳出自上而下的物质空间改造和贫乏的官方文化叙事，挖掘历史街区中被遗忘的片段，从多重尺度介入古城的保护与更新，将历史变成资源，给予城市新的活力与创意。通过现代实践"干涉"线性时间秩序下的古城生长体系，将历史街区中突出的普遍价值所捍卫的整体性、本真性和连续性具象化表达，激发街区的空间想象力，让传统文化需求获得新的物质载体，从而赋予青藤片区更有生命力的定义，以人为本地全方位提升青藤片区的街区幸福感。

谨以此书，与大众一起共同思考：如何让建筑学回到生活世界。

胡慧峰

2023 年 11 月 21 日
于浙江大学西溪校区

胡慧峰　东南大学博士
浙江大学平衡建筑研究中心研究生导师
浙江大学建筑设计研究院有限公司总建筑师
浙江省工程勘察设计大师

01

遇见绍兴

吴冠中笔下的绍兴

绍兴古城，由春秋战国时期的越国都城发展而来，秦汉以后，相继为会稽郡、越州、绍兴府治所和东扬州、越州都督府、浙东观察使和两浙东路驻地，素以江南都会名世。元明清时期，绍兴仍保持了浙东区域中心城市的地位，晚清至民国日渐衰落。中华人民共和国成立后，绍兴再次崛起，已是长三角和杭州湾南翼，最具江南水乡特色的国家级历史文化名城和东亚文化之都，是中华文明名副其实的多元发祥地和越文化的核心区。绍兴在经历了2500多年的风雨后，地理位置未变，古今城址相合，在城市规划，城市功能，城市规模的稳定性，城市文化，历史事件，以及历史名人辈出的连绵性等方面，无不折射出其对历史古城保护，城市精神传承和城市创新发展的睿智和担当。

绍兴，历史文脉清晰，城市个性鲜明，山水风光与人文景观相互辉映，历史文化与现代文明相互交融，是一个融独特山水精神与鲜明文化特质于一体的历史古都、江南名城。

20 世纪 80 年代的绍兴

初遇绍兴，那是 1981 年的事，那时还是一个中学生。印象中的绍兴，到处都是白墙黑瓦的居民住宅，满街都是头上戴着乌毡帽、嘴里说着绍兴话的绍兴本地人。接触的首先是鲁迅故居，从百草园到三味书屋，从孔乙己到阿 Q 正传，从绍兴黄酒到臭豆腐、茴香豆。虽然也去了东湖，逛过兰亭，到了大禹陵，但回到城里又是比比皆是的历史人物和故居印记，秋瑾的纪念碑，徐锡麟的大通学堂，勾践的卧薪尝胆，戢山的刘宗周，沈园的陆游唐婉，大乘弄里的徐文长，笔飞弄里的蔡元培，红色故居里的周恩来。少年时就记得这些了，回头思想着，小小的古城，屋宇殿堂散发出如此芳香的古老文化，大街小巷保存着那么璀璨的民族英才，无愧国家历史文化名城之美誉。

绍兴国商大厦

兰亭书法学院

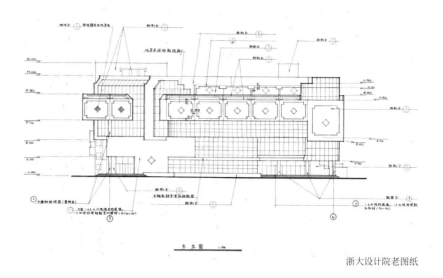

浙大设计院老图纸

我应该是来过几次绍兴的，也许因为与游玩无关，与专业无关的缘故，没有继续关注这个古城。脑海里印象深刻的是 20 世纪 90 年代我的师傅辈们曾经创作设计的"绍兴国商大厦"和"兰亭书法交流中心"等。一个是有着显性古城文化符号与特征的后现代主义，或者可以直接称之为"文脉主义"，被文丘里影响的痕迹很深；另一个是典型的现代主义，纯粹白色的现代性背后，因为局部灰砖的使用，让人想起绍兴的黑白灰调子。无论你是否想过逃脱，无论你是否承认逃脱，地域文化对建筑师的创作影响总是像灵魂一样的陪伴存在。

绍兴饭店改造前鸟瞰图

2017 年年底，我以建筑师的身份来到绍兴，参与绍兴饭店改扩建一期工程项目，任务包括：拆除原三号楼客房，翻建一个新大堂，以期更新和适应酒店发展多方面的需求；在酒店用地的西侧，环山路北侧，紧邻府山西路，新建一个千人会议厅。

绍兴饭店老大堂 保留的山水天际

绍兴饭店改造前鸟瞰图

绍兴饭店旧时总体平面，摄于 2017 年

绍兴饭店源起"凌霄阁"

绍兴饭店源起"凌霄阁",位于历史古城绍兴的核心区越之城历史街区内,南侧是绍兴三大名山之一的府山,因过去绍兴府设在其东而得名。"凌霄阁"最早为明代韩御史别墅,后因韩氏快婿诸公旦在此读书而称快园,张岱的《快园道古》就在此问世。清代为道观,清末民初,热心人士在此创办凌霄社,为无钱就医的百姓就诊,现"渡世津梁"石桥就是当年原物。现在的凌霄阁,作为绍兴饭店的餐饮功能仍被使用,并成为饭店内重要的文化线索。自1958年成立绍兴饭店(作为政府招待所)以来,其古朴典雅的建筑群配以白墙黑瓦、曲径回廊、小桥流水、花木扶疏,具有浓郁的江南民居特色。其因环境幽雅,被称为"闹市怡园"。

绍兴饭店多功能厅南入口

绍兴饭店大堂室内

绍兴饭店多功能厅南入口

绍兴饭店多功能厅西立面

在这样一个历史文化名城的历史街区内，翻建一个大堂，新建一个千人会议厅，如何保护好历史遗存，如何推陈出新的同时又融入既有周边环境，是建筑师首当其冲要思考的问题。经过几轮探讨和方案的反复修正，最终，在"有底线地保护，有克制地创造"的思想指导下，改建大堂和新建会议厅的设计，遵循了"对既往历史有所传承，对当代技术客观尊重；保留住历史发展痕迹的同时，使绍兴饭店具有风貌演变的独特的客观性"。

新绍兴饭店总体平面

ACRC 绍兴地区设计实践版图

以此为契机，

促使我们开启了对古城更新改造的系列实践与研究，

开始了调查、学习与总结

这个历史古城的城市文脉和现代性表达的可能。

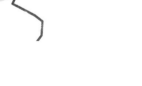

A 中国黄酒小镇启动区块
B 王阳明故居及纪念馆
C 蔡元培广场及子民电影院
D 徐渭艺术馆及青藤广场
E 绍兴师爷馆
F 老市政府改造
G 老字号震元堂改造扩建
H 绍兴饭店改扩建提升工程 (I / II 期)
I 北纬三十度馆
J 绍兴文理学院改扩建 (绍兴大学等)
K 祭禹广场和游客中心改造提升
L 大禹纪念馆
M 大禹研究院
N 兰亭国际书法交流中心
O 稽山中学改扩建

02

历史语境视角下的
绍兴古城更新
改造策略初探

城市，是集体记忆的所在地，是综合文化的博物馆。绍兴，更是一个具有典型的文脉和风貌特征的古城。随着时间的推进和流逝，累积演化在了城市的肌理和建筑的形式表现中，既有着良性的链接又有消极的断裂，使古城呈现出显性与隐性文脉相互交织的复杂性与丰富性。

1968 年绍兴航拍图（美国锁眼卫星 USGS DS1105-2231DF088_c）

我们需要从发展的历史语境视角出发，辩证对待这些没有被遗忘、渐趋混杂却客观存在着的真实的过去和现在。通过古城中若干个重要节点的更新与改造，希望让这些不同空间却相互关联的历史人物和事件，不同年代却又违和地存在的建筑空间与场所，在植入符合当代生活需求的新功能的同时，协同丰富的历史遗存，共同承载多重开放、与古城共融共生的城市新环境。

2023 年绍兴航拍图（Google Map）

绍兴古城，即越王勾践建城以来各个时期不断演进形成的历史城区，其范围为绍兴市越城区环城河外侧河沿以内的区域，分布着历史文化街区和历史地段、山体、河道、池塘以及山、水、城为一体形成的古城格局和风貌等物质文化遗产，面积约 9.09 平方公里，内设府山、塔山两个街道，现居人口约 12.8 万人（绍兴十四五规划）。

绍兴古城的显性文脉要素，包括但不限于自然山水、规划布局、肌理关系及其发展脉络等；基于绍兴古城现状，我们对古城中代表性历史街区的建筑群落、建筑单体、部件与材料等构成要素进行了收集、分类、细化和比较，完善研究层级及各层级细分的内容，探索基于绍兴历史文脉的城市设计和建筑设计在各研究层级的特征，并将这些特征辩证落实到具体的设计实践当中。

绍兴古城的隐性文脉要素，包括但不限于其发展的历史沿革、城市源流的文化精神、传统文化特征、城市记忆等。基于绍兴古城现状，我们采用文献研究、田野调查、历史追溯、类型比较等手段，借鉴考古学式、谱系学式和解释学式等研究方法，由历史沿革推演出绍兴古城中代表性历史街区的城市记忆更新、传统文化要素等，从中挖掘和梳理隐性文脉背后其经济、社会、文化等功能需要与利益诉求。

对绍兴古城代表性历史街区的显性、隐性文脉要素进行调研、评估与反思，探索绍兴历史文脉梳理研究的普适性，有利于为历史语境下的现代性城市更新与改造研究，铺垫扎实的数据和理论基础，能为探索制定绍兴古城更新改造设计导则，拟定绍兴古城更新与改造营造手册，从而通过系列工程实践，回应现代建筑如何与传统建筑融合、城市更新中新旧关系该如何处理、快速的城市进程与慢速的传统生活该如何衔接、不同利益方如何协调等，具有城市管理、城市规划、建筑设计和营造建设的多重意义。

绍兴历史文脉梳理表

（研究范围：绍兴古城）

		研究层级	研究细分	内容	具体要素
绍兴文脉要素	显性要素	自然山水环境	自然环境	气候条件	
				水文条件	
			地形地貌	地形地势	
				山水格局	
			自然资源	森林资源	
				生物资源	
				矿物资源	
		规划布局与肌理关系	城市肌理	整体格局	城市形态、城市区位、功能区划、开发强度、密度、容积率
				水系脉络	
				街区肌理	道路路网、街道断面、外部空间关系
				地块格局	地块肌理、地块形态尺寸、位置关系
				开敞空间	城市广场、景观绿地（街区之外的城市空间）
				城市色彩	《绍兴城市色彩与高度规划》"凝灰淡彩，墨韵华章"
		建筑群落	群落结构	街巷地块内格局	若干建筑、台门的群体关系、尺度大小、空间组合、轴线、入口位置关系，与街巷的空间关系
			建筑组合	院落格局	台门群体关系、院落尺度，轴线关系、轴线、空间序列、虚实关系
				园林景观	造园
		建筑景观	建筑单体	建筑类型	传统民居、商业建筑、宗教建筑、文娱建筑、纪念建筑、风景建筑
				单体建筑	尺度比例、平面类型、空间层次、立面形式、剖面关系、建筑色彩
			细部与材料	构件及细部	台门门斗、屋顶、梁架、门窗、墙体、披檐、地面、装饰构件
				材料构造	木材、竹材、石材、榫卯方式、砌筑方式
			景观要素	交通要素	城墙、古桥、河埠头、古道
				生活要素	古井、亭台、水池、围墙
				纪念要素	古塔、照壁、纪念碑、历史遗存
	隐性要素	社会文化	文化传承	历史沿革	历史人物、历史事件、城市演变
				非物质文化	宗教礼仪、方言、戏曲、传统手工艺、黄酒文化、茶文化
			意识形态	价值取向	价值观
				情感需求	专属绍兴的城市认同感
		行为需求	功能需求	生活方式	家庭结构、邻里氛围、饮食习惯、休闲娱乐方式
				生产方式	传统手工业
			利益诉求	古城发展诉求	城市整体格局与发展方向
				古城保护诉求	绍兴古城保护整体发展
				生活品质诉求	基础设施，配套服务

绍兴阳明故里规划效果图

绍兴书圣故里规划效果图

绍兴八字桥片区规划效果图

历史语境视角下的绍兴古城更新改造策略，包括但不限于规划、建筑、政策等三个层面的可能。

规划层面的策略包括：需要尊重古城原真性、整体性与延续性；应延续城市文脉与风貌特征；努力完善基础设施与配套服务；以及避免整体迁出与整体置换等建议。

建筑层面的策略包括：需要尊重历史、文物及历史建筑原真性复原；要留存回忆、场所记忆与历史情境的再现；兼收并蓄，环境与功能要相互协调；新旧对话，平衡好过去与现在的冲突与融合；诠释传统，重构当下等建议。

政策层面的策略包括：需要倡导古城保护，促进城市发展；要保护开发结合，避免消极保护；保护促进利用，利用引导发展；避免大刀阔斧，鼓励有机更新等建议。

历史语境视角下的绍兴古城更新改造策略，不仅需要符合原真性、整体性与延续性原则，同时，更需要考虑符合当代生活方式的现代性。

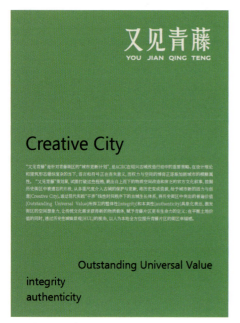

广义"又见青藤"

本书推出的"又见青藤——徐渭故里城市更新与改造实践初探",简称"又见青藤"计划,是在"徐渭艺术馆及青藤广场""绍兴师爷馆""青藤书院、榴花斋、青藤别苑和张家台门老宅改造"三组建筑设计实践案例的基础上,针对徐渭故里青藤街区的"城市更新计划",旨在探索古城更新改造实践中精细化再生的方式和可能。从绍兴古城的历史文脉梳理及历史语境视角的分析,到绍兴古城更新改造设计策略初探;从徐渭故里的历史沿革挖掘及其当代功能定位,到徐渭艺术馆及青藤广场等周边项目的实现;从大量自发性田野调查,文献阅读,结合原住民及城市生活参与者的利益诉求,到徐渭故里城市更新计划的提出,特别是徐渭故里城市设计的自发完成,以及广义又见青藤的概念提出,源于青藤又不局限于青藤。

在设计理论和建筑形态错综复杂的当下，语言和符号正在丧失意义，而权力与空间的博弈正逐渐加剧城市的模糊属性。"又见青藤"计划案，试图打破这些桎梏，跳出自上而下的物质空间改造和贫乏的官方文化叙事，挖掘历史街区中被遗忘的片段，从多重尺度介入古城的保护与更新，将历史变成资源，给予城市新的活力与创意。通过现代实践"干涉"线性时间秩序下的古城生长体系，将历史街区中突出的普遍价值所捍卫的整体性、本真性和连续性具象化表达，激发街区的空间想象力，让传统文化需求获得新的物质载体，赋予青藤片区更有生命力的定义——在平衡土地价值的同时，通过历史古城的再塑，以人为本地全方位提升青藤片区的街区幸福感。

我们希望与大众一起共同思考：如何让建筑学回到生活世界。

03

徐渭艺术馆及
青藤广场

——

回到生活世界

徐渭（1521 年 3 月 12 日－ 1593 年），绍兴人，明代著名书画家、文学家、戏曲家、军事家，中国"泼墨大写意画派"创始人、"青藤画派"鼻祖，其画能吸取前人精华而脱胎换骨，不求形似求神似，山水、人物、花鸟、竹石无所不工，以花卉最为出色，开创了一代画风。

徐渭艺术馆的建设，旨在纪念徐渭诞辰 500 周年，弘扬艺术精神。

徐渭雕像

绍兴古城

绍兴市是中国具有江南水乡特色的文化和生态旅游城市，已有2500多年建城史，也是首批国家历史文化名城、联合国人居奖城市、东亚文化之都。这座从越王勾践建城以来各个时期不断演进形成的历史城区，分布着历史文化街区和历史地段、山体、河道、池塘以及山、水、城为一体形成的古城格局和风貌等物质文化遗产。"三山万户巷盘曲、百桥千街水纵横"的水城总体格局，以传统风貌的街巷和水系为骨架，将绍兴古城内历史文化资源价值较高、文物分布较为集中的环线打造为主题文物径，形成串联五大核心历史片区的主要路径。

徐渭故里之于绍兴古城

徐渭艺术馆及青藤广场建成后的青藤社区

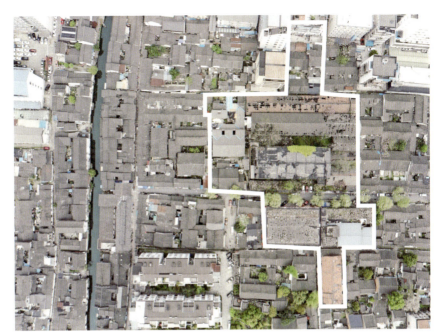

徐渭艺术馆及青藤广场选址

　　徐渭艺术馆所在的青藤社区，是古城历史片区架构中非常重要的文化节点，在其中展开的建筑实践，是从微观层面切入绍兴历史古城保护的学术研究，挖掘历史街区中被遗忘的片段，从多重尺度介入古城的保护与更新，将历史变成资源，给予城市新的活力与创意。设计师通过这一现代实践"干涉"线性时间秩序下的古城生长体系，将历史街区中突出的普遍价值所捍卫的整体性和本真性具象化表达，激发街区的空间想象力，让传统文化需求获得新的物质载体，赋予青藤片区更有生命力的定义。

前院内青藤树

设计缘起：青藤书屋与徐渭

说徐渭艺术馆，不得不说青藤书屋。

青藤是徐渭居所字号。10 周岁那年，徐渭在自家书房里的南窗下曾亲手种下一棵青藤，从此，他经常与青藤相伴。青藤书屋也是徐渭出生和终老的地方。青藤是徐渭的灵魂。青藤书屋小院里那株苍郁青藤，简直就是徐渭的化身，是他的灵魂和他坎坷、落魄、凄惨的一生的象征。

基地踏勘的时候，第一次踏入院门，恍若另一境地：静谧的院子约三百平方米，一条弯曲的小径从门口引向书屋的月洞门，右侧是大小适宜的竹林和草坪，还有间隙种植的芭蕉、石榴与葡萄。左侧墙根下洒落的盆景倚墙而置，余一口老井与斑驳旧墙。不大不小、精致优雅、不羁构图、文气十足，所有映入眼帘或置身其中的一物一色皆为建筑故事的元素，无非虚为场所、实为建筑的广义山水。

天汉分源

青藤书屋全貌

黑白灰色调让徐渭艺术馆巧妙融入周边建成环境之中

"从某种意义上说：建筑设计作品
需要揭示艺术作品的本质。
想要创造简洁有力
而又具审美趣味的空间，
只有貌似兴趣高雅的姿态和
一堆高谈玄论是远远不够的。
我们将坚持自己的探求意志，
积极考虑场地，努力深入环境。"

徐渭和青藤，构成了建筑师对徐渭艺术馆最
初的直觉和想象。"不大不小、精致优雅、
不羁构图、文气十足"的青藤山水与徐渭"扭
曲、狂狷、坚韧，独具魅力的生命力"，赋予
了徐渭艺术馆与青藤广场的气韵与形魄。

乌片如墨，顶地同泼

老厂房北侧鸟瞰

老厂房内部空间勘察　　　　　　　　　老厂房内部立面　　　　　　　　　青藤舞厅和突兀的"大红楼"

青藤社区集体记忆的延续与重塑

集体记忆 (Collective Memory) 由法国社会学家莫里斯·哈布瓦赫在 1925 年首次完整地提出，他阐述了"在一个群体里或现代社会中人们所共享、传承以及一起建构的事或物"，这种物质的或者非物质的记忆如果用空间和场所的语言来表达，便成为了城市发展历史中值得关注的标志性的元素。

徐渭艺术馆的选址就处在青藤社区中一片承载着标志性集体记忆的场所——一个 20 世纪 50 年代的老机床厂和青藤街区著名的"青藤舞厅"，老建筑有着标准清晰的建构逻辑，体现了当年工业厂房的独特建筑风貌，也记载了很多青藤老人的青春印记。遗存的厂房高约三层，由纵向五进单跨桁架式大空间先后围合构成，内有一庭院，仍有两三棵乔木长于其中，尚存一丝生机。因为陆续建设和弃用的原因，厂房四个立面的内外各异，颇有时代的特点和记忆的痕迹，极具戏剧性。

"在今天的建筑世界里，

如何不受尘世的喧嚣所干扰，

不任意曲解和篡改，

在绍兴特定的历史语境下，

塑造一种宁静、和谐的传统之美，

而又不失现代性，是我们一直

孜孜以求的方向。"

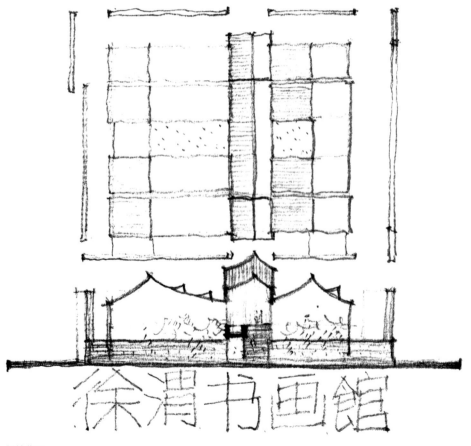

设计草图

绍兴特定的历史语境

设计之初，建筑师也曾考虑利用老机床厂的保留建筑，更新改造成一个现代的艺术馆，但由于开发的成本与工期，这个想法没有得以实现。但建筑师坚持认为需要对这一场地的集体记忆进行延续与现代化转译，使生活在青藤的居民在城市更新的快速进程中，获得更多的身份认同感。因此艺术馆的布局，遵循了老厂房的建筑肌理，采用纵向五进、横向三折的不等边人字坡造型的建构逻辑。

围合而生的庭院

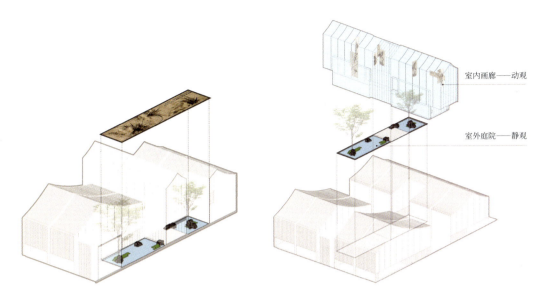

室内画廊——动观

室外庭院——静观

徐渭杂花图卷建筑意向图

同时，基于老厂房内庭院的启发，也为了合理划分展厅空间体量，在建筑体量的西侧五进中部设计一处两层通高的外部空间作为艺术馆主要的内部庭院；在东侧五进中部二层留白，作为艺术馆另一内部庭院。两庭院分置东西，遥相呼应，山石水瀑在绿意笼罩中的造园设计，为二层中部的小型临时报告厅提供东西向通透的可能；也为一层南北贯通的门厅创造了向西观赏主景庭院的视觉体验，提供了参展之外更多观赏与休闲的可能性。

尊重场所精神与集体记忆并不表示完全沿袭旧的模式，而是意味着肯定场所的认同并以新的方式加以诠释。

老机床厂弄堂

保留的东侧老墙

保留的北侧老墙

建筑北侧和东侧有两条弄堂，是绍兴古城中常见的空间尺度，也是居民对青藤社区最直接的集体记忆的物化空间体现。老机床厂的北侧和东侧表皮，是这两条巷弄的"边界"，设计师经过耐心的沟通与技术保护措施，最终将它们保留下来。

保留的机床厂墙面

徐渭艺术馆北立面

保留的机床厂老墙重现生机

保留的老墙体与新建筑之间的对比

老墙的内侧,是新建的现代空间尺度,老墙的外侧,则似乎还是老时光的印记,传统巷弄的尺度和居民生活的场景被真实地保留与呈现。斑驳的青砖老墙与木窗框,与现代的钢筋混凝土,形成了冲突与对比,使得历史与当下产生了新的链接。边界的保护,在某些程度上也拓展了边界的定义,空间尺度与社区场景得到了新的延续和重塑。

青藤社区的日常生活场景

日常性与非日常性的有机融合与创新

设计最开始想到的问题是，这座艺术馆是属于政府的还是属于社区的。徐渭本身的人物特写是平民化的，他出生在绍兴的普通人家，拥有平民的故事。徐渭艺术馆并不临街，位于老城区青藤片区的内部，到达场地，需要从城市街道徒步穿过小巷和居民区，从街巷的小尺度转变为当代艺术馆开阔的大尺度，整个体验如同走进了绍兴人的家庭社区中。自然而然，建筑师也希望这个建筑是扎根于居民的日常生活的，可以和周边居民建立良好的关系，成为当代青藤社区的新的活动中心。建筑室内外空间场所的塑造也因此更关注社区居民的日常化生活场景，以及如何与现代化的艺术展陈以及学术活动有机融合与创新。

徐渭艺术馆正在逐渐融入当地的社区生活之中

游客中心置于人字坡地景之下

老的机床厂和已经拆除的青藤舞厅，是旧时代居民重要的工作与社交场所，见证了很多社区日常性活动的展开。建筑师并未将用地铺满，而是选择在艺术馆的南侧打造尺度适宜的青藤广场，将更多的建设空间让渡于社区公众，这一举动在高强度、高密度、寸土寸金的古城尤为难得。广场延续艺术馆的建构逻辑，在东西两侧分别"掀起"一大一小两处人字坡地景：西侧微隆用以围合广场，汩汩泉水顺坡流下；东侧略高，借助局部下沉，巧妙地将游客中心的体量躲在人字坡地景之下，层层石阶错落，为居民集散聚会提供恰当的场所。为了了解青藤社区居民确切的日常性空间与活动需求，设计的开始，建筑师自发开展了整个社区住户的调研、走访和测绘，我们希望从中总结过去的生活，然后建立新的模式，引领新的生活方式。

青藤广场上的水景观

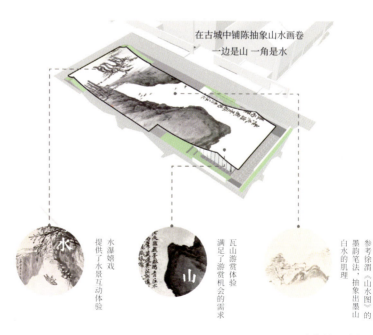

在古城中铺陈抽象山水画卷
一边是山 一角是水

水瀑嬉戏
提供了水景互动体验

瓦山游赏体验
满足了游赏机会的需求

参考徐渭《山水图》的
墨韵笔法，抽象出墨山
白水的肌理

青藤广场山水意向图

65

起翘的缓坡搭建起城市的戏剧舞台

建成后的青藤广场,既是艺术馆空间的延续,也如建筑师所期待的,承载了多样化的日常与非日常的活动场景转换:艺术展开幕式、社区表演、儿童活动、跳广场舞、日常晾晒、游客休憩等,社区的场景感、生活感融入高级的艺术与文化活动之中,创造了属于青藤社区本身的独特场与活力。

斜坡成为游憩的场所

青藤广场作为社区的日常活动空间

徐渭艺术馆主立面与青藤广场

徐渭艺术馆的水平面宽展开三跨，形成三个人字坡屋顶，中间的人字坡成为公共通廊，前后都是玻璃幕墙，玻璃的尺度最高达 13 米，完全是现代性的手法，有实有虚。通透的感觉如同城市的一根管道，与城市的关系是完全开放的、包容的，窗外的景象从连绵的白墙黑瓦跳跃到了车水马龙的都市景象，时间与空间的维度都因此模糊起来。

他是建筑师创造的新的巷弄空间，塑造了另一种日常与非日常的交融，让居民更多地参与到艺术馆的生活场景塑造中来，他们也许只是过客，像穿越无数条老绍兴的巷子那样穿行而过，他们也许停留，在庭院前驻足，在休息区阅读，在展厅闲逛，这些日常的人和场景此刻就成为了这个空间的主导者。

中央体块串联各层展厅

　　艺术馆的内部空间布局规整、集约而有序，东西两翼两层空间，提供了主要的 4
个展厅，中央的体块高效地串联起每层各个展厅，并上下联通，成为重要的交通
枢纽与转换空间。

二层南北向幕墙设计连通古城肌理，让变化中的城市面貌成为新的展陈内容

传统语境的现代山水精神塑造

在规划给定的基地上建构新建筑的同时，利用拆除"青藤舞厅"的场地建设新的青藤广场。通过"重塑"具有纪念性气质的公共场所，使之与新建筑产生对话，进而赋予两者共通的向心性和不可分割性。从东方艺术的本体出发，将广场作为建筑的背景，可理解为中国画，在宣纸和水墨中表达有形和无形。

承载山水精神的场所重塑

又见青藤 | 徐渭故里城市更新与改造实践初探

现代材料的运用

设计巧妙借助"视点转换"的空间营造手法，让"连续铺垫"成形于不断移动变换的视点转移中，为建筑与景观在视觉与心理上的融合构筑起完整统一的空间体验与印象烘托——即所谓：源自江南的山水精神。进一步的，突出营造历史场景和当代建筑演绎之间的张力与戏剧性——既保持对金属、玻璃和石材等现代材料的钟爱，又对历史变迁所遗存的斑驳与其所富含的故事特性表现出珍惜和迷恋。

艺术馆内的"留白"空间

经过充分研究，机床厂的东、北两段老墙面遗存被保留下来，使其与当代艺术馆中全透明的大片玻璃、近白色的石质板材、银白色的天棚、隐喻的传统屋架形成对比，创造令人过目难忘的蒙太奇效果，让记忆通过空间营造得以留存，同时作为"媒介"续写关于未来的记忆。

隐喻的传统屋架

横向三折的不等边人字坡造型缓和大尺度空间自身的疏离感

　　徐渭是一个泼墨画家，墙面是纯手工打造的大剁斧肌理，块与块之间都是连续和整体的，而不是机械生产的那种模块化，从而表达了抽象的山水意向在其中。"乌片如墨"的风貌应和——规整、集约、有序的体量；纵向五进、横向三折不等边人字坡造型，已然构成了一个现代艺术馆的基本形象。黑白灰色调、留白的方式、加之正向三折人字坡轮廓线，共同唤起绍兴传统风貌记忆，以回应前文所述"不大不小、精致优雅、不羁构图、文气十足"的当代青藤山水意向。

夜幕降临前的徐渭艺术馆

结语

所谓建筑，无非地、顶、天的气韵流动；所谓展示，讲究景、境、情的氛围铺垫；
既是气韵流动，氛围铺垫，内外皆需调动，明暗均可有意，上下也可以要连续；
静则赏画读字，流连时体味错落别致；躲不过让黑白所控，免不了被光影打动。
遵循建构逻辑一致性的原则，自始至终，贯彻了建筑、室内、展陈的一体化设计
精神。如何不被尘世的喧嚣所干扰，不任意曲解和篡改；如何进行提炼运用，同
时创造出有节奏的、流动的、静谧的、适应于当代艺术陈列的空间（容器），在
绍兴特定的历史语境下，塑造一种宁静和谐的传统之美，而又不失现代性的表
达，是我们努力探寻的方向。

俯瞰徐渭艺术馆，可清晰感知周边小尺度传统民居的建筑肌理

此设计尝试探索历史语境下的现代性表达，深层次挖掘传统文化与地方风貌的哲理性关系。正所谓：

以历史传承为脉，以特色文化为魂；以建构过程为线，以山水精神为意。

创造性转化和创新性发展绍兴作为历史古城的价值与文明，从而友好地加以利用与发展。

台门框出艺术馆及广场画面

徐渭像伫立在艺术馆西南侧

"徐渭先生，疯癫泼墨，

有意无意已然天成；

我等所为，无非：

将墨掀起，筑一疯癫可纳、

凡人可入可游可思可想的、

虚为场所实为建筑的

广义山水而已。"

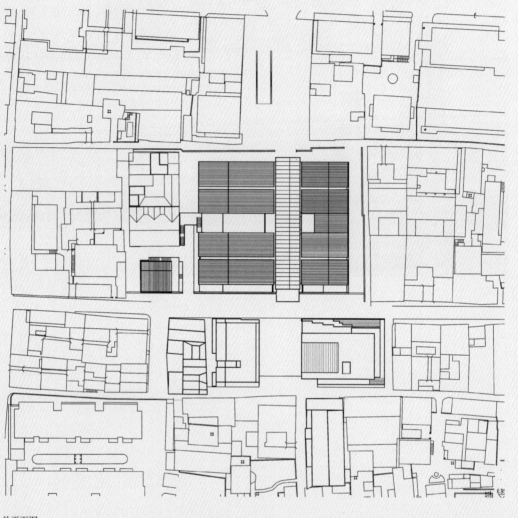

总平面图

徐渭艺术馆、青藤广场及大乘弄剖面图

青藤广场剖面图

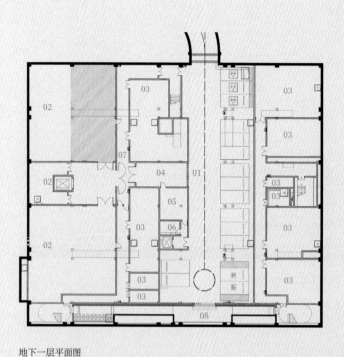

01 地下车库
02 库房
03 设备空间
04 卸货区
05 监控室
06 值班室
07 走廊
08 庭院

地下一层平面图

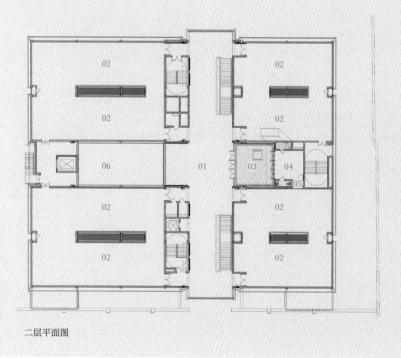

01 过厅
02 展厅
03 室外座院
04 VIP套房
05 储藏室
06 室外座院上空

二层平面图

01　门厅
02　展厅
03　室外水院
04　电梯间
05　服务区
06　办公区
07　文创商店
08　厕所
09　室外庭院

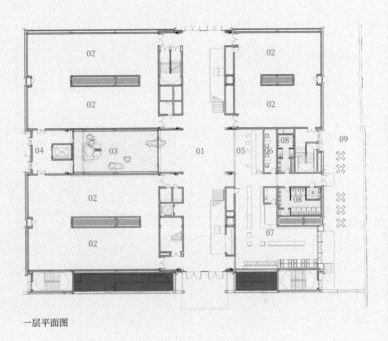

一层平面图

04

绍兴师爷馆

——

极简的
地域主义

从绍兴师爷馆看徐渭艺术馆

从徐渭艺术馆看绍兴师爷馆

如实地记录和忠实地描绘
这个集体记忆与群像存在
是我们能采取的最好的
姿态和手段。

绍兴师爷馆位于绍兴古城青藤社区的前观巷，原绍兴市青少年宫旧址，东侧紧邻春天百货大楼（东侧为解放路），西侧是历史文保建筑"张家台门"（后面有另一介绍子项）。绍兴师爷馆是继徐渭艺术馆及青藤广场后，青藤书屋周边综合保护项目工程的另一子项，更是现代实践"干涉"线性时间秩序下的古城生长体系的又一佐证——将历史街区中突出的普遍价值所捍卫的整体性和本真性具象化表达，激发街区的空间想象力，让传统文化需求获得新的物质载体，为青藤书屋这一名人故里及周边区域旅游注入新的活力，赋予青藤片区更有生命力的定义。

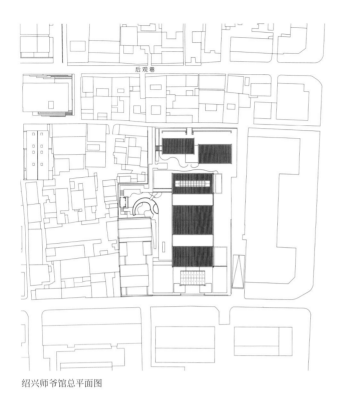

绍兴师爷馆总平面图

项目规模不大，地上两层地下一层，合计总建筑面积约 9083 平方米，其中地下建筑面积占 3281 平方米，檐口高度 9 米，主体结构采用钢结构形式，属中型博物馆。车库区域层高 4.5 米，其他区域层高 5.2 米，主要设置库房、设备机房等功能。库房区域相对独立管理，并设置卸货区域。一层建筑面积 3621.29 平方米，南侧主展馆层高 5.2 米，主要设置入口门厅、主展厅；二层建筑面积 2080.60 平方米，南侧主展馆层高 3.3 米～7.6 米，主要设置临时展厅和研学游活动室，对一层展厅作较好的功能补充。

主入口半鸟瞰

东西向古城肌理的融合与显现

极简的切入

"师爷馆"，严格意义不算是个纪念馆。纪念建筑，是人们为了表征某类特殊价值物质和观念而有目的建造的，一种供人们凭吊、瞻仰、纪念用的特殊建筑或构筑物。

所谓"师爷"，是对古代官府衙门中幕僚的俗称。"绍兴师爷"，又特指清代官署中的幕僚，由于绍兴籍人较多，故称，后引申为谋士的代称，有时含贬义。作为一个地域性、专业性极强的幕僚群体，作为清代各级官吏处理政务公事、行使管理职能的智囊和代办，他们既是中国幕僚制度演变发展的结果，更是特殊的地域环境、特殊的人文基因和特殊的社会背景综合作用的结果。

基本源于明清两代，

多出生于地域建筑特征强烈的会稽郡（今绍兴）

是他们拥有的最确定的共同点。

地域建筑特征强烈的会稽郡（今绍兴）

忠实地描绘这个集体记忆与群像存在

面对一个如此宏大、特殊、多样化的人物群体，我们很难对其做出一概而论的阐述，或相对确定而清晰的品质描述，因此较难让其承载评价明确的特殊价值或积极观念。基本源于明清两代，多生于地域建筑特征强烈的会稽郡（今绍兴）是他们拥有的最确定的共同点。很显然，我们无法或不适合对其进行凭吊、瞻仰和纪念，我们所能做的是客观地进行记录和中立地建立描绘。

如实地记录和忠实地描绘这个集体记忆与群像存在，是我们能采取的最好的姿态和手段。

绍兴师爷馆西立面

侧立面与庭院

极简，暗示无符号导向的
客观和中立，
也明指追求简单自然的
当代性。

因此，尝试以建筑语汇转译或表达人物群体气质和特征，甚至试图以或放大或修
饰或夸张的方式去表现，都是困难或不可取的。也许我们只要提供一种空间模
式或容器，通过集体记忆的途径记录，对人物群体进行还原式的阐述与解释，就
足够了。而这种被称为"空间模式或容器"的，倒是可以或避免不了标记上时
代的痕迹和地域的特征的——于是我们以极简的地域主义回应项目所在历史语
境下的现代性。

绍兴师爷馆与西侧民居群

针对出生地建筑特征强烈，职业价值或观念并不明朗的人物群像，寻找项目所在地历史语境下的极简的整体、极简的结构、极简的造型语汇，方案设计试图追溯到整体意向（双坡屋面）本源，回归到结构空间（进跨模数）原型，还原到江南水乡（黑白灰）基调。极简，既暗示了无符号导向的客观和中立，也明指追求简单自然的当代性；地域主义，既是为了表明身份的立场与态度，也源于"和而不同"的融入观和整体观。

传统地域主义与极简地域主义

入口门厅—容器

"以个人角度解释集体的模式，进而用这样的模式来替代集体对个人生活模式的解释"——极简的地域主义，很显然具有结构主义的本质，其所具有的整体性、转换性和自我调整性特征，为这个项目的设计找到了"内容—形式"如何转换的切入点。不仅应用于空间模式，还应用于容器形式。

主入口前场容器　　　　　　　　　　　　　　　　　　　　　　　　"内容"

整体性——模数与营造

由小构件单元体系构成的空间—结构建造形式，意味着模数控制成为必然。

绍兴师爷馆项目设计中，兼顾复杂的场地红线尺寸，现代的幕墙工艺条件和地库的停车空间经济，推敲以 1620 毫米作为最小单元构造尺寸。进而，以中国传统基本营造法则中的奇数数理，以绍兴地域民居单元——三进制台门——从最小尺度到最大尺度层层铺开而生成方案总图；同样的秩序贯穿于三维，延续到建筑所有立面，以相同的营造法则组合搭建完成建筑整体。临街门厅，相同模数，赋予九品，隐含师爷群体其正统性之意。

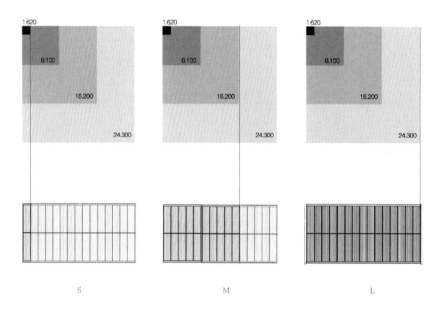

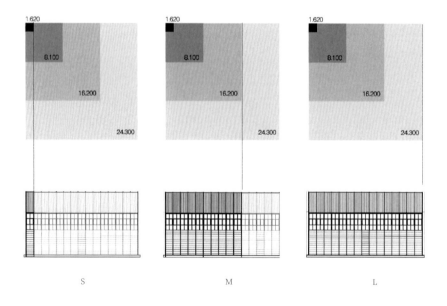

模数与总平面图

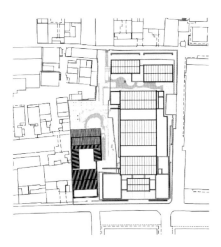

XL

模数与立面图

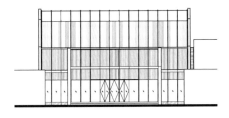

XL

上述表征整体性，应是模数控制下的单元结构构件体系在营造完成后的外化结果。师爷馆的营造采用了最基本的民居结构构件单元——屋架——亦对应使用1620 毫米作为模数，五榀一跨，三跨为一屋，三屋为一组。山墙面，以朴素的功能主义，辅以必要的围护结构，达到整体性。

| 屋架 | 五榀一跨 | 三跨一屋 |

三屋成组   椆间幕道   围护成形

转换性——建构与极简

转换性是营造的核心目的。当人物群像记忆复杂而多元时，具体内容变数则随之增大，空间的转换性则成为必要。从另一维度，形式暂时追随具体功能时，建筑实体则随之让位于内容虚体。这便要求建构本身极简，以最大化释放出记忆空间的转换性。师爷馆项目中，结构构件成为仅有的建筑语言。在一个完型规整的"屋架"中，建构集成了箱型横梁、幕墙龙骨、金属天沟、门厅玻璃顶及其吊顶和幕墙内置格栅等多套系统。

转换性及其"屋架"

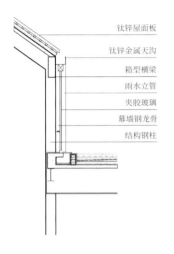

钛锌屋面板
钛锌金属天沟
箱型横梁
雨水立管
夹胶玻璃
幕墙钢龙骨
结构钢柱

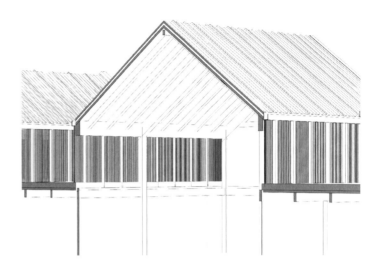

"屋架"构件截面（二层露台）

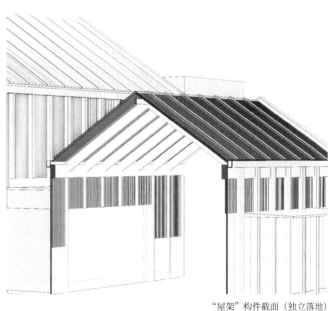

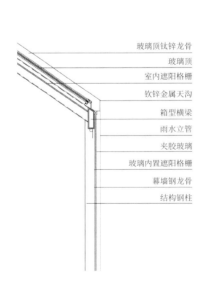

玻璃顶钛锌龙骨
玻璃顶
室内遮阳格栅
钦锌金属天沟
箱型横梁
雨水立管
夹胶玻璃
玻璃内置遮阳格栅
幕墙钢龙骨
结构钢柱

"屋架"构件截面（独立落地）

空间效果和建构逻辑在门厅处接近极致：其作为纯玻璃盒子，为了保持一致性，门厅钢结构框架梁柱及其附着的幕墙龙骨结构，因其本质相同，构件截面尺寸统一为100*400毫米。作为整体系统，雨水管和室内管线亦行走于其中，或开槽埋设或从钢管空腔贯穿。

一体化建构设计，是本项目实现极简的途径。至此，从空间内外到立面上下，建筑成为屋面扣板、幕墙竖梃和室内可见屋架相互延续的连贯整体。视觉效果上，建筑"仅存"一个框架，以建构集成去满足展陈空间秩序的转换性。

严格遵循模数生成的入口门厅

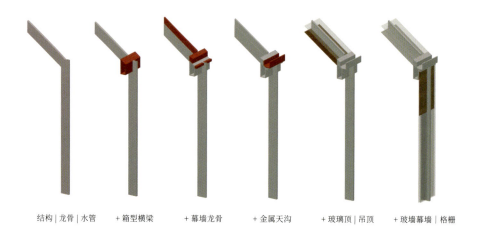

结构 | 龙骨 | 水管　　+ 箱型横梁　　+ 幕墙龙骨　　+ 金属天沟　　+ 玻璃顶 | 吊顶　　+ 玻璃幕墙 | 格栅

师爷馆的夜晚

一体化建构设计，
是本项目实现极简的途径。

入口构件秩序与师爷气质

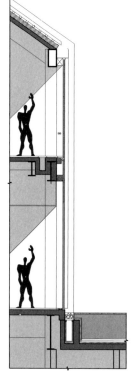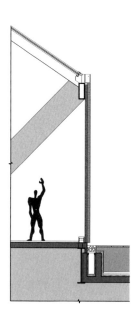

极简实现与建构整体

自我调整性——材料与地域

所谓"自我调整性"是指部分联合起来所出现的系统闭合达到平衡而产生的自我调节。基于其所提供的自由性,材料表皮得以正当且恰当地形成表达的自我调节。当我们思考当代建筑空间如何融入和延续地域文脉时,"现代"和"地域"两个重要关键词,得以在白墙黑瓦的地域特征自然延续。钛锌板屋面,艾特尼特板立面和玻璃幕墙,形成围护结构系统的闭合。性能更优异和建造更高效的当代材料的应用,是让建筑在历史长河和未来时序中对当前时代的适应和锚固。

材料地域性的自我转换

材料地域性的自我转换

在这里，建筑呈现的是历史语境下现代性的一种外化调节：历史地域特征和现代建筑的相互塑造，实现古法韵味和现代审美的平衡。正因如此，建筑才能够成为连接现代美学和这段历史的桥梁。

小尺寸肌理侧门

给街角的回应

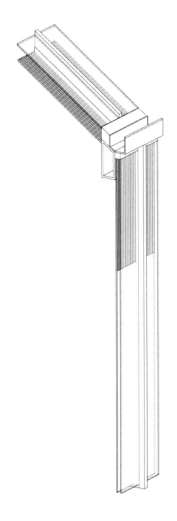

结语

从设计之初到项目竣工，如何恰当表达和承载群体特征，是本项目建筑空间设计中贯穿始终的主要命题。建构过程中，空间和形式象征的多种可能性的尝试反复试错。正因为我们不可能建立一种能恰好诠释群体特征的特殊环境，我们就必须为多元的解释创造一种可能性，其方法是使我们创造的事物真正成为可以被解释的。极简的地域主义可以带来一定的复杂性和包容性。

我们没法精准表达"绍兴师爷"这一特殊且特别的群体，因此会转而去尝试表达共同使用的空间，进而以此承载其整体性、转换性和自我调整性。从另一个角度，在遵循该线索而展开的空间营造过程中，却是对被叙述本体的二次解读：

当以模数与营造去实现整体性时，似乎感受到一种"分寸得当"；

当以建构与极简去实现转换性时，似乎感受到一种"简约练达"；

当以材料与地域去实现自我调整性时，似乎感受到一种"审时度势"；

伴随着这些特质，"绍兴师爷"这个群体的特征似乎也逐渐被清晰了。

01 门厅
02 展厅
03 放映厅
04 服务配套
05 室外休息区
06 后勤办公区
07 室外园林
08 卫生间

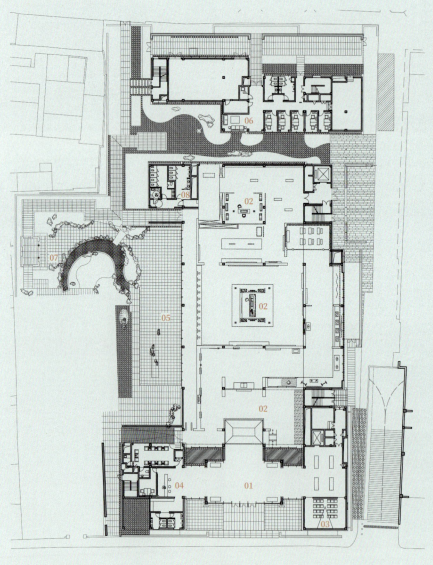

一层平面图

01 过厅
02 文创商店
03 室外休息
04 研学游空间
05 后勤办公区
06 展厅上空

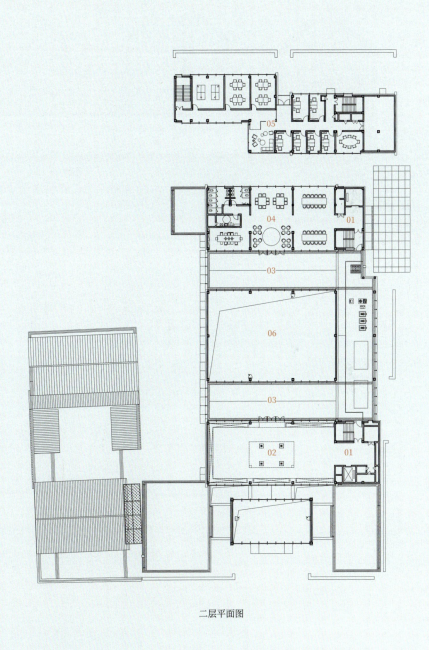

二层平面图

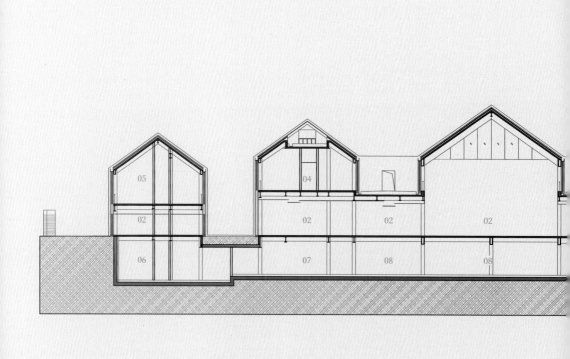

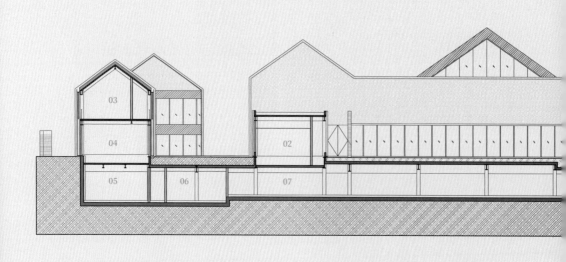

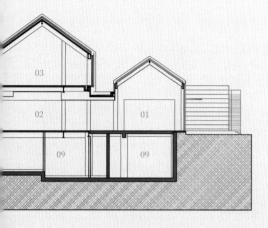

01   门厅
02   展厅
03   文创商店
04   研学游空间
05   后勤办公室
06   展览储藏间
07   展品储藏间
08   地下停车库
09   设备机房

剖立面图

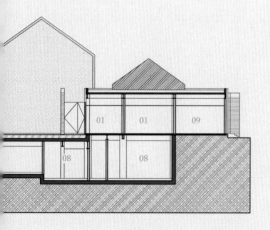

01   门厅接待
02   展厅盥洗
03   办公会议
04   办公门厅
05   展览储藏间
06   展品储藏间
07   地下停车库
08   设备机房
09   原配电间

剖立面图

师爷馆与徐渭故里肌理

05

青藤书院、
榴花斋、
青藤别苑和
张家台门

四个台门总平面图

吴良镛先生说："城市是一个有生命的机体，需要新陈代谢。而且，这种代谢就像细胞更新一样，是一种'有机'的更新，而不是生硬的替换。"

青藤书院、榴花斋、青藤别苑和张家台门四处老宅的更新改造是青藤书屋周边综合保护项目工程，除了徐渭艺术馆及青藤广场，绍兴师爷馆两子项外的另四个配套子项，也是现代实践"干涉"线性时间秩序下的古城生长体系的系列佐证——将历史街区中突出的普遍价值所捍卫的整体性和本真性具象化表达，激发街区的空间想象力，让传统文化需求获得新的物质载体，为青藤书屋这一名人故里及周边区域旅游注入新的活力，赋予青藤片区更有生命力的定义。

因此，针灸式模式植入新建筑同时，采用新陈代谢式的方式改造老房子，更符合古城更新有机生长的规律和客观需求。

四组传统建筑现状均为普通居民住宅，每一组建筑都居住着十几户居民，居住密度极高，生活设施落后，传统院落中私搭乱建等现象非常严重。因此，经与业主沟通，采取了整体征收的方式疏解居民，通过合理政策提供他们更优越的生活环境，借此，将四组台门通过修缮、改造、微更新等手段，结合青藤书屋周边综合保护主题打造服务徐渭故里的公共商业或文化空间。

从青藤广场看青藤书院

青藤书院

位于大乘弄北侧尽端东边的青藤书院，斜对门就是青藤书屋，北侧紧邻开元弄。原址只是青藤社区一处工厂宿舍，有两个边院，中间为并列式的宿舍布局，内部分割凌乱，建筑整体为砖木结构，木结构屋架完整但局部有所破败。

因地处青藤书屋综合保护范围内，经评估论证，建议保留青藤书屋周边建筑传统风貌，设计采用加固修缮＋微更新的改造方法，化零为整，按建筑平面基本格局和原始结构形式，拆除了内部不合理的分隔墙，维护并修缮了局部已经破败的木结构屋架，梳理了东西边院，整修了外立面，打造出一个空间相对完整，研学与临展功能兼具的书院空间。西面临大乘弄一侧是书院主入口，以两级长石阶的方式过渡与大乘弄的关系，在原先的石墙上开启了一长向落地传统木窗，隐喻了入口，表达了明代书院建筑气质，以此作为青藤书屋展示功能的延展，将公众引入徐文长的诗画之中，穿越时空，用当代的方式重新记忆、演绎和认识一代旷世奇才徐渭，体现出历史对他的尊重和当代生活幻化的延续。

青藤书院改造前

青藤书院改造后

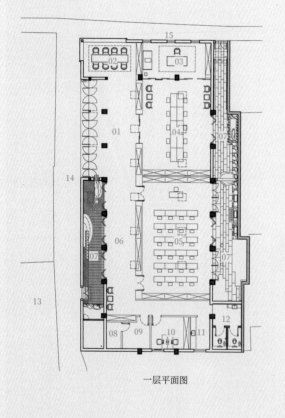

一层平面图

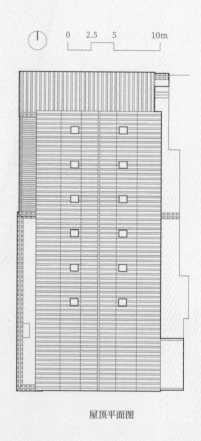

屋顶平面图

01	门厅	09	储藏
02	茶室	10	办公
03	书画室	11	茶水间
04	洽谈室 & 展览	12	卫生间
05	研学教室 & 展览	13	青藤书屋
06	过厅	14	大乘弄
07	景观庭院	15	开元弄
08	设备用房		

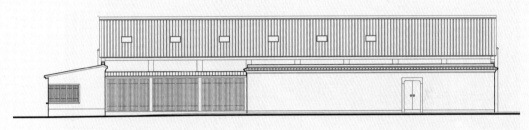

西立面图

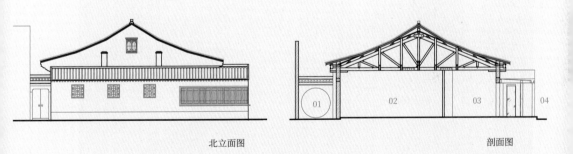

北立面图   剖面图

01   景观庭院
02   洽谈室 & 展览
03   门厅
04   大乘弄

榴花斋鸟瞰图

榴花斋

"榴花斋"，取意于榴花书屋，
即青藤书屋内徐渭先生出生及读书的地方，
位于徐渭艺术馆西南侧。

榴花斋改造前

榴花斋改造后

从榴花斋看徐渭艺术馆

榴花斋原址为青藤社区一组民居，南侧一层，北侧二层，均为砖木结构，内分隔墙复杂混乱，部分木结构已存在安全隐患。经评估论证，兼顾考虑未来为青藤书屋周边综合保护配套餐厅功能要求，设计决定采用落架大修＋局部新建的方式，在基本遵循原建筑物体量尺度、空间格局和院落关系基础上，将建筑布局整体作东西镜像，原先西侧的院子置换到东侧，面向青藤广场打开，同时，整体结构形式改为钢筋混凝土框架结构，以利获得更合理开放、适应现代功能需求的功能用房。

同样，因地处青藤书屋综合保护范围内，榴花斋的设计仍沿袭保留青藤书屋周边建筑传统风貌，尤其是建筑物改造前的基本立面特征，仅做符合室内功能需求下的局部开窗调整和建筑用材处理。以此提供一个建筑面积为 620 平方米，包含四个包厢，分别可容纳 10 人、12 人、14 人和 16 人的高级文化主题接待餐厅。

餐厅的室内设计，以徐渭书画诗词为主题，高格调营造了一个独具绍兴特色的台门餐饮体验环境。镜像后，二楼平台可纵观青藤社区、徐渭艺术馆及青藤广场，为配合青藤书屋周边综合保护规划，打造徐渭文化综合体验，营造切身感受文人生活方式，提供了超越时空体验的场所及氛围重塑。

01	门厅		01	十四座包厢
02	十座包厢		02	卫生间
03	卫生间		03	备餐间
04	备餐通道		04	设备平台
05	十六座包厢		05	十二座包厢
06	酒水库		06	景观廊道
07	景观庭院		07	设备用房
08	储藏室			
09	设备用房			
10	厨房			
11	员工就餐区			
12	更衣室			

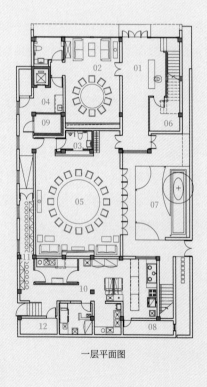

一层平面图

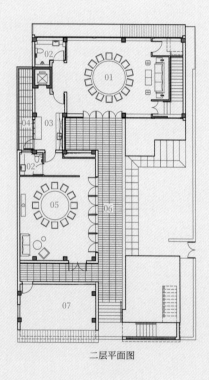

二层平面图

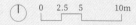

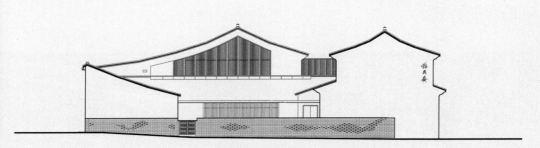

东立面图

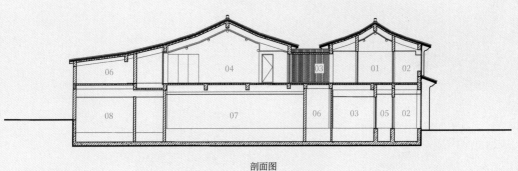

剖面图

01　十四座包厢
02　卫生间
03　备餐间
04　十二座包厢
05　十四座包厢
06　设备用房
07　十六座包厢
08　厨房

青藤别苑鸟瞰图

青藤别苑

"青藤别苑"是一组新改建后的高级文化民宿，位于后观巷35号，原为田家台门，属清代建筑，其东侧紧挨徐渭艺术馆。20世纪50年代后，这里曾作为绍兴县文化馆办公楼和员工宿舍使用，有一大批文艺界名人曾与之结缘，留下了不少的历史记忆和建筑痕迹。

青藤别苑改造前

青藤别苑改造后

青藤别苑整个台门为二进四合院式，坐北朝南，布局严谨。解放初期，正立面被改建为砖砌方柱，砖柱上写有红色标语，留下了鲜明的时代烙印。也是因为历史原因，台门内安置了几十户人家，违章搭建严重，原始空间格局被遮盖或破坏，局部有危房风险。

经评估论证，结合未来高级文化民宿定位，我们采用修缮＋局部改造的方式，包括：完整保留南侧二层建筑并进行修缮；北侧合院现状破败，无人使用，通过测绘，予以复原；对第一进天井加盖了采光玻璃顶，扩展改造后用作大堂的空间尺度等诸多措施。

青藤别苑庭院

在"保护历史真实性、保持风貌完整性"的同时，结合基本确定的"高级文化主题民宿"的业态策划，设计在保留传统台门历史风貌的同时，传承特定历史时期的文化印记，调整和加强了建筑的使用功能，打造独具绍兴台门特色的在地性民宿体验，使其重新成为后观巷台门深处，一处文人墨客的精神栖息之所。

01　大堂
02　天井
03　连廊
04　方院
05　研讨室
06　上空

剖面图

01　客房
02　天井
03　客厅

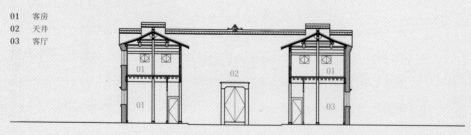

剖面图

01	方院	10	通道	01	上空
02	连廊	11	研讨室	02	卫生间
03	天井	12	强弱电间	03	客房
04	大堂吧 / 早餐	13	客厅	04	阳台
05	入口庭院	14	办公室		
06	亲子间卧室	15	工具间		
07	套间卧室	16	布草间		
08	套间客厅	17	玄关		
09	卫生间	18	前台		

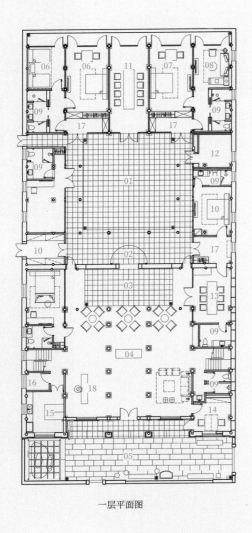

一层平面图

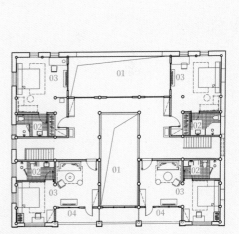

二层平面图

张家台门

"张家台门"，位于前观巷，毗邻绍兴师爷馆，建于清代，台门坐北朝南，共两进，两侧有厢房，现为绍兴市文物保护单位。

第一次踏勘现场时的场景还历历在目：沿着前观巷有一堵高约四五米的斑驳白墙，原先的台门已经不复存在，仅留一豁口，进去两侧是原建筑与违章搭建建筑相互混杂的破败不堪的小院，说不清有几户居住，隐约可见原台门第一进厅堂的山墙影子，但也只剩一处屋架的痕迹了。视觉深处（北侧），是第二进两层楼主体建筑，虽老旧不堪，但是风貌非常完整。

师爷馆与张家台门

张家台门改造前

张家台门改造后

东厢房西立面

座楼南立面

经过严密测绘和文保论证，设计参照历史街区"重点保护，合理保留，局部改造，普遍改善"的修缮原则，决定复原东厢房，现存部分采用修缮的方式并对内部空间重新进行划分，以保持"历史的真实性"和"风貌的完整性"为前提，兼顾现代使用需要。

复原修缮后的张家台门，完整体现了绍兴台门的两进格局，对第一进屋面、第二进一楼地坪和二层木结构楼板等实行修旧如旧，展现"原汁原味"的水乡绍兴地台门特色与魅力。当下，张家台门不仅作为"绍兴师爷馆"的参观延伸，还在厅堂内展出了近几年绍兴历史古城的更新改造成就，成为了绍兴向各地贵宾展现古城绍兴新旧风貌的城市客厅。

01　前天井
02　接待厅
03　备用间
04　庭院
05　茶室
06　卫生间
07　预留厨房
08　临展厅
09　后天井

01　休息厅
02　卧室
03　大师工作室
04　会客室
05　卫生间

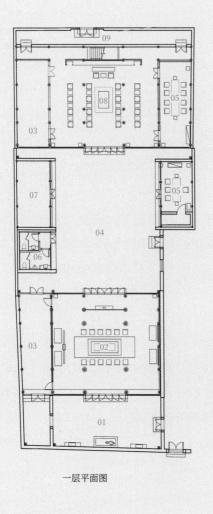

一层平面图

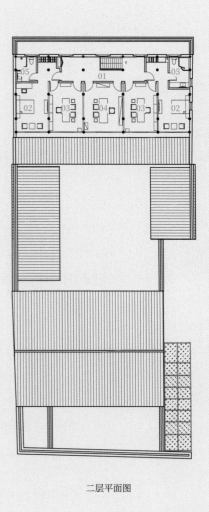

二层平面图

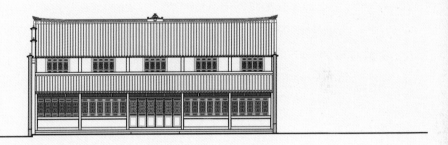

南立面图

01 前天井
02 接待厅
03 庭院
04 临展厅
05 会客室
06 后天井

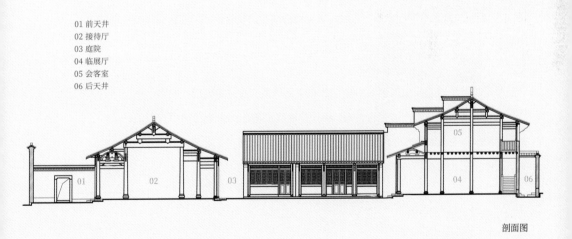

剖面图

古城的保护与发展，既要保持"历史的真实性"和"风貌的完整性"，还要讲究和重视"生活的延续性"。立足青藤书屋保护规划，发掘历史建筑价值，对优秀历史建筑进行保护修缮，并在此基础上活化利用，保护的同时延续好城市记忆，并与现代人的生活方式、居住环境相融合已然成为社会关注的焦点。

通过青藤书屋周边综合保护项目工程的实践，包括新建徐渭艺术馆及青藤广场，新建绍兴师爷馆，以及青藤书院、榴花斋、青藤别苑和张家台门这四处老宅的保护修缮更新与改造，建筑师与城市管理者、建设者、营造者等一起，围绕徐渭这一文化 IP 切入点，以点带面，阶段性完成了打造青藤片区公共开放的泛展陈空间，提升片区文化属性，打造历史古城绍兴文物修缮保护及活化利用的新标杆的任务。

我们希望进一步研究和梳理古城历史文脉和生活场景，通过系列现代实践"干涉"线性时间秩序下的古城生长体系，将历史街区中突出的普遍价值所捍卫的整体性和本真性具象化表达，激发街区的空间想象力，让传统文化需求获得新的物质载体，赋予青藤片区更有生命力的定义。

又见青藤——
徐渭故里城市更新计划
由此逐渐展开。

06

又见青藤
——

徐渭故里
城市更新计划

引言

2020 年初，青藤书屋周边综合保护项目工程斥资 10 亿元，包括：新建徐渭艺术馆及青藤广场；新建绍兴师爷馆；以及青藤书院、榴花斋、青藤别苑和张家台门这四处老宅的保护修缮更新与改造等。项目建成后极大地改善了徐渭故里居民的生活环境和街区质量，成为历史古城绍兴又一文化旅游胜地。

徐渭故里片区内的诸多台门建筑年代久远，保存良好，反映了许多有意义的历史事件、有影响的人物，和可追溯的建筑技艺，具有一定的保留和完善价值。片区规模适中，同时拥有面向街道的城市风貌界面、传统的台门巷道界面、沿河的江南水乡界面，以及最为核心的文化人物 IP——徐渭和青藤书屋等。但与此同时，也存在危房多、人口密度大、基础设施跟不上、不适应日趋强烈的现代生活方式的诸多问题。如何保护好绍兴特色和古城魅力；如何让绍兴人传统的生活习俗和文化得以延续；保护好历史文脉民俗文化的同时，让城市更具系统性，让发展更具整体性，让生活更具现代性，是我们急需研究和深度挖掘的价值所在。

因此，徐渭故里"又见青藤"城市更新实践与研究应运而生，"又见青藤"——徐渭故里城市更新计划由此展开。

PART 1
溯源

经常幻想着，如果我们能
穿越到 500 年前，去亲眼看一看
当时这块土地的日常生活图景，
那么将会是一种多么美妙的体验。
这种憧憬并不是源于对"超现实"和
"白日梦"的渴望，而是对于
来自不同时空里的人生之间
文化碰撞的好奇。

历史脉络

1578

万历六年正月初三，徐渭执杖复来青藤书屋凭吊童年旧居。此时书屋已归山阴县陈氏所有。

1546

嘉靖二十四年，青藤书屋第一次易主『毛氏迁屋之变』。此后，徐渭对此屋念念不忘，画有《青藤书屋图》。

1531

手植青藤一株于榴花书屋之天池旁。

1521

徐渭出生，至1540年，居住在榴花书屋，后改名为青藤书屋。

徐渭 民居

予卜居山阴县县治南观巷西里，即幼年读书处也。手植青藤一本于天池之傍，颜其居曰青藤书屋，自号青藤道士，题曰漱藤阿。藤下天池方十尺，通泉，深不可测，水旱不涸，若有神异，额曰：天汉分源。
——《青藤书屋八景图记》

徐渭画像

青藤书屋图

1803

《今城分治图》为清嘉庆年间山阴、会稽两县同城并设之状况。

1793

陈无波从施氏购进此屋，进行了一次较大规模的整修。

1790

清乾隆五十五年，李亨特任绍知府，在上任的三年时间中，疏浚河道，整治街衢，深得民心。

陈氏 修

1682

施胜吉从潘姓家购进此屋，重加修葺，专门请董旸写了篇《青藤书屋记》，叙述书屋的来历。黄宗羲为此写过《青藤歌》，诗云：『斯世乃忍弃文长，文长不忍一藤弃。吾友胜吉加护持，还见文长如昔比。』

施胜吉 修

黄宗羲画像

1792年府城图

1803年今城分治图

十月郭沫若同志曾专程来访，称它『庭园虽小，清幽不俗』，对石柱上『未必玄关别名教，须知书户孕江山』的徐渭手书名联尤为欣赏。

1962
青藤书屋被列为浙江省重点文物保护单位。

1961
青藤书屋经历了一次整修。

1960
前观巷河道填平筑路，使原有的3米宽的石板小路拓宽为路幅8米，其中车行道宽4米用沥青浇筑，两侧人行道宽各2米用砼小方块铺设。

1959
文管会接管青藤书屋，不久即进行了一次维修，室内外面貌一新，并在大乘弄的东墙上开了一扇门，作为进

《绍兴古城保护利用条例》
为了保护和利用绍兴古城，继承优秀历史文化遗产，促进可持续发展，根据《中华人民共和国城乡规划法》《历史文化名城名镇名村保护条例》《浙江省历史文化名城名镇名村保护条例》等法律法规，结合本市实际，制定本条例。

2019
《浙江省历史建筑保护利用导则》
历史建筑保护采用的措施应避免对历史建筑价值和特征要素的损伤和改变，为后续的保养和保护留有余地，尽量通过防护、管理措施来延缓历史建筑损坏的速度。

2017
青藤书屋被国务院列为第六批全国重点文物保护单位。

2006
九月，仓桥直街被联合国教科文组织亚太地区委员会评选为2003年『文化遗产保护优秀奖』。

2003
《绍兴历史文化名城保护规划》
绍兴有史以来单独编制的首个名城保护规划，在8.32平方公里的老城区

青藤书屋

1644

陈洪绶 民居

崇祯六年，山阴进士金兰据有此屋，在大云坊建碑，上刻『徐文长先生故里』，并将其改成学舍，传经授徒，每月朔望，率弟子瞻拜徐渭像，未忘书屋原主人。

1633

金兰 学舍

徐渭去世。

1593

《旧子城图》为子城范围及街衢与建筑布局，子城设陆门四处，水门一处。《旧越城图》城内厢坊建置基本上循南宋嘉定时期的设置，设陆门三处，水门三处。

1587

1587 年旧子城图　　1587 年旧越城图　　山阴进士金兰　　明陈洪绶自画

《绍兴府城衢路图》为绍兴历史上第一幅府城测绘舆图。城内衢路以石板铺筑，小巷小弄有碎石或泥结路。其中，仓桥街、后观巷、前观巷均为当时山阴县界内主要道路。府城内街河相依，坊巷纵横。多数居民依河而建，傍水而造。一河一街、一河二街、一河无街的布局，构成了『三山万户巷盘曲，百桥千街水纵横』的典型水城。

1892

太平军攻入绍兴城。

1861

和平弄弄内有座青莲庵，有屋 15 间，后庵屋渐为民所居。

1820—1850

浙江巡抚、著名著作家、刊刻家、思想家阮元撰写了《陈氏重修青藤书屋记》(此碑现嵌于青藤书屋西壁)。

1804

陈氏重修青藤书屋记

1892 年绍兴府城衢路图

雷电袭击，青藤书屋被毁。

数年后

潘氏　[民居]

顺治十一年，王端淑移居到徐渭的青藤书屋居住，作《青藤为风雨所拨歌》。此时王端淑声名已显，有不少人慕名来访。

1654　王端淑　[民居]

崇祯末年，书画家陈洪绶，带家眷从枫桥老家迁入书屋。陈洪绶的书画师承徐渭，对徐文长十分崇敬。他是经过辨认，确认这里是徐渭故居后才来居住的，并手题『青藤书屋』匾额。

《清朝野史大观·清人遗事》卷八引吴德旋《初月楼续闻见录》云：王端淑偕同丈夫丁圣肇，曾一度隐居于明代书画家、戏曲家徐渭的故居『青藤书屋』，过起桃花源式的恬静娴雅的隐居生活。此期间，王端淑欣赏到她崇拜的徐渭的许多书画作品，尤其是徐渭以水墨作写意花卉奔放淋漓、气势盛旺的风格熏陶着王端淑。因此，王端淑擅长画花草，涉笔潇洒，天趣抒发，疏落苍秀，具有俊逸清趣。

王端淑画像

像

民国期间至新中国成立初期

和平弄内有多家锡箔作坊，打箔的都是男工，褙纸、刷黄的以女工居多。

1929

绍兴建设委员会及城区有关系各村里委员会先后议决制定城区街路宽度、等级，呈浙江省建设厅第7747号指令准予备案。

1930—1939

《修正整理土地规程》等土地管理规定，在全省范围内开展清查土地，编造丘地图册的工作。民国二十一年至二十八年，绍兴县对土地进行测量、登记、规定地价等工作。

1931

自民国十九年（1930年）颁布《中华民国土地法》后，浙江省出台了

《绍兴街市图》为尹幼莲于民国二十年根据绍兴城区之现状所绘制。城内河网依然保留清末时期格局，运河穿城而过，河道纵横，自通衢至委巷无不有水环之。城内主要道路为石板以石桥为最多。河上架有各式桥梁，而桥、条石马路，小巷小弄也有泥结路。

1931 年绍兴街市图

169

1955 前后

国有

绍兴市文物管理委员会主任方杰通过方志了解到青藤书屋现状，故陈氏后人捐献。

1953

前观巷是锡箔铺的集中地，被业内人士称为『上城帮』，其箔业交易的『茶市』即设在前观巷。张家台门位于前观巷东端北侧，原为张琴荪先生的故居，是一幢中西合璧的建筑，即后来的绍兴市少年宫。

新中国成立前

日寇来犯，有把天池戽干，权作防空洞。城区测绘告竣，发放册籍图照，并编印《绍兴县城区地籍图册》。

1939

陈氏最后一次维修青藤书屋：屋上加瓦，墙壁粉刷，新换花格长窗和窗槛。

1935 前后

1939年绍兴县城区地籍一览图

范围内划定了越子城、鲁迅故里、八字桥、书圣故里、西小河五大片和新河弄、石门槛二小片历史街区，进行重点保护和修缮。

2001

修旧如旧，风貌协调、修缮、重建基础设施街道两侧的仿古路灯，路面旧石板铺设，红旗路改名为仓桥直街。

2001

浙江省第九届人民代表大会常务委员会第十四次会议制定了《浙江省历史文化名城保护条例》。

1999

和平弄路面用水泥浇筑。

1986

绍兴被国务院列入国家首批历史文化名城。

1982

浙江省测绘局绘编《绍兴城区图》。

1980

整修青藤书屋，基本恢复原貌。

民居

修

1980年绍兴城区图

2000年绍兴市市区图

工厂

『文革』期间

1970
青藤书屋被粮机厂占用，院内建铸造『冲天炉』，穿园挖简易防空洞；填平天池，池边石栏杆、『漱藤阿』碑连同西墙被毁，小丘夷为平地，青藤被掘，书屋内堵门砌墙，后间东山墙上开大洞，朝北搭临时工棚。冬青老树被截断许多，书屋前间拆改为该厂技术员办公室。

绍兴机床厂在原厂区东侧扩建车间，从而形成了今和平弄现状。

1978
粮机厂归还青藤书屋。

1979
粮机厂撤出青藤书屋，并出资支持书屋的修复。陈惟予负责修复工作（落架大修：椽子都卸下，柱脚不动，山墙不动，修房，配好窗子及木格长窗），天池原来的石板都没有破坏。

2023
《关于加强历史建筑保护传承工作的实施意见》自2023年5月1日起施行。绍兴市人民政府始终把保护放在第一位，建立分类科学、底数清晰、保护有力、管理有效、传承发展的历史建筑保护传承体系，既保护单体建筑，又保护区块风貌、整体格局，同时保护与之相适应的自然景观、人文环境和非物质文化遗产，实现城乡建设与历史文化传承有机结合。

2021
徐渭艺术馆及青藤广场落地，绍兴师爷馆修建，青藤片区整体提升工程实施。

2020
绍兴市自然资源和规划局越城分局发布绍兴古城青藤区块控制性详细规划公告。

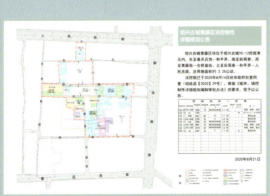

古城青藤区块控制性详细规划

历保政策

1931

雅典宪章 ——国际现代建筑协会

提出城市建设应保护好古建筑区，为城市保留文化特征。

1960

城市意象理论 ——凯文·林奇

城市如同建筑，是一种空间的结构，只是尺度更巨大，需要用更长的时间过程去感知。不同的条件下，对于不同的人群，城市设计的规律有可能被倒置、打断，甚至是彻底废弃。

1961

城市发展史 ——芒福德

1964

威尼斯宪章 ——第二届历史古迹建筑师及技师国际会议

古建筑的价值不仅在于其初建时的价值，还取决于它在历史变迁中的添加、去除的东西——历史信息。

1968

关于保护公共或私人工程危及的文化财产的建议书 ——联合国教科文组织

1972

保护世界文化与自然遗产公约和关于在国家一级保护文化和自然遗产的建议 ——联合国教科文组织

1975

阿姆斯特丹宣言 ——欧洲建筑遗产大会

任何整体统筹保护政策的成功都取决于将社会因素考虑在内，一项保护政策还意味着将建筑遗产融入社会生活。保护的成就不仅要根据建筑物的文化价值来衡量，还要根据它们的使用价值来衡量。

1976

关于保护历史或传统建筑群及其在现代生活中的作用的建议书 ——联合国教科文组织

每一处历史性区域及其周围环境都应该被作为一个一致的整体来考虑，其平衡和特质取决于其组成部分的融合，其中包括人类的活动、尽其所有的建筑物、空间结构和周围环境。所有有效的元素，包括人类的活动，无论多么不显眼，都以此与整体有着一种不可忽视的意义。

1982

绍兴被国务院列入国家首批历史文化名城

1982

佛罗伦萨宪章 ——国际古迹遗址理事会

该宪章为历史园林的保护确定了基本准则，对历史园林的概念和所包含范围予以界定，对其保护措施做了规定和说明，对其利用作出规范。

1987

华盛顿宪章 ——国际古迹遗址理事会

国际上关于对历史街区、城镇、地段等重要文化空间载体进行保护的指导性文件，为《威尼斯宪章》的补充。

1989

城市触媒理论 ——韦恩·奥图与唐·洛干

提出城市设计的触媒理论，城市触媒是指能够促使城市发生变化，并能加快或改变城市发展速度的元素，即通过某一触媒元素的引入，引发"链式反应"，推动城市持续、渐进的发展。

1996

圣安东尼奥宣言 ——国际古迹遗址理事会

文化遗产的原真性与文化和身份认同息息相关，它应归属于那些与遗产有利害关系的社区居民，并认识到对不同主体来说，身份认同和遗产所具有的价值可能不一致。

1999

浙江省历史文化名城保护条例 ——浙江省第九届人民代表大会常务委员会第十四次会议

1999

巴拉宪章 ——国际古迹遗址理事会

核心观点是认为遗产本体只是单个的载体，还须是一个有着特定文化意义的地方或场所，因此提出了"文化保护地"的概念。

2001

绍兴历史文化名城保护规划

绍兴有史以来单独编制的首个名城保护规划，在 8.32 平方公里的老城区范围内划定了越子城、鲁迅故里、八字桥、书圣故里、西小河五大片和新河弄、石门槛二小片历史街区，进行重点保护和修缮。

2001

世界文化多样性宣言
—— 联合国教科文组织

2003

保护非物质文化遗产公约
—— 联合国教科文组织

2005

西安宣言 —— 国际古迹遗址理事会

将环境对于遗产和古迹的重要性提升到一个新的高度，同时不仅仅提出对历史环境深入的认识和观点，还进一步提出了解决问题和实施的对策、途径和方法，具有较高的指导性和实践意义。

2006

青藤书屋被国务院列为第六批全国重点文物保护单位

2011

瓦莱塔原则 —— 国际古迹遗址理事会

在汇编众多参考文献的基础上，界定了在保护、保存和管理历史城镇和城区的事务中所面临的新挑战，并将相关定义和方法的重大沿革也纳入了考虑范围。

2013

中央城镇化工作会议

会议明确指出了要重视历史文化、自然特色、永续利用、地域特色、时代风貌和中华优秀文化。第一次提出城镇建设要"望得见山，看得见水，记得住乡愁"的观点。

2015

中央城市工作会议

会议中多次提到城市设计，如"切实做好城市设计工作""要加强城市设计""全面开展城市设计"等。明确指出，要加强对城市的空间立体性、平面协调性、风貌整体性、文脉延续性等方面的规划和管控，留住城市特有的地域环境、文化特色、建筑风格等"基因"。

2017

浙江省历史建筑保护利用导则

历史建筑保护采用的措施应避免对历史建筑价值和特征要素的损伤和改变，为后续的保养和保护留有余地，尽量通过防护、管理措施来延缓历史建筑损坏的速度。

2019

绍兴古城保护利用条例

为了保护和利用绍兴古城，继承优秀历史文化遗产，促进可持续发展，根据《中华人民共和国城乡规划法》《历史文化名城名镇名村保护条例》《浙江省历史文化名城名镇名村保护条例》等法律法规，结合本市实际，制定本条例。

2020

浙江省千年古城复兴试点工作方案

为高质量推进千年古城复兴工作，打造新时代文化浙江建设工程新名片。经省政府同意，《浙江省千年古城复兴试点工作方案》印发实施。

2021

关于进一步加强历史文化街区和历史建筑保护工作的通知
—— 住建部

支持和鼓励在保持外观风貌、典型构件基础上，赋予历史建筑当代功能，与城市和城区生活有机融合，以用促保。对文物建筑、历史建筑以外的其他建筑，可依照相关法律法规，在尊重街区整体格局和风貌的前提下进行创新性的更新改造、持续利用，改造后的建筑应与街区历史建筑可以辨别。

2023

关于加强历史建筑保护传承工作的实施意见
—— 绍兴市人民政府

始终把保护放在第一位，建立分类科学、底数清晰、保护有力、管理有效、传承发展的历史建筑保护传承体系，既保护单体建筑，又保护区块风貌、整体格局，同时保护与之相适应的自然景观、人文环境和非物质文化遗产，实现城乡建设与历史文化传承有机结合。

国内案例

城市更新是重建吗?

为什么要保护历史街区? 我们应该保护什么?

谁的历史街区? 由谁来保护 / 更新 / 利用这个街区?

如何重新激活历史街区的活力?

历史街区的未来蓝图是怎样的?

● 城市更新要让城市回到自然生长的感觉, 而不是被封存起来。不仅建筑和城市要更新, 人的生活和产业也要更新, 这应该是相辅相成的。

崔恺

● 城市更新的重要任务就是对城市基础设施和环境提出高要求, 完善城市的经济功能, 为城市增添新的经济活力, 给经济发展疲软的城市带来新鲜空气, 从而使得单调的城市形象得以重新塑造、城市转型成为可能。

庄惟敏

● 包括建筑、城市和景观在内的所有建成遗产 (built heritage) 虽不可复制, 但需要再生。

对历史环境而言, 再生还与广义的保护 (即管控变化) 概念具有同一性, 不但指活化遗产本体, 而且与历史环境中以保护为前提的保存、维护、修复、改扩建、加建等相关联。

当下, 国际建成遗产界正在发生着明显的思想转向和认知提升, 即认为历史保护不应与社会整体演进相脱离, 而是要作为一种城市规划的推力 (the urbanistic impulse), 对当代社会进行审慎的文化塑形。而城市复兴也需要传统文化的创造性转化, 在存真的前提下, 对其载体——建成遗产及历史环境进行有创意的活化与可持续的再生。

常青

● 历史街区适应性保护改造的关键在于是否能够确保历史街区和建筑形态呈现的完整性，以及对于所在城市和地区在体验感知上的独特性。

历史街区保护改造和活态再生，事关中华优秀建筑文化传承和"乡愁记忆"的身份认同，符合当前世界范围内建筑遗产保护和再利用前沿发展的国际潮流，具有重要的学术价值和实践意义。

王建国

● 尚未完成的城市化进程和过早摊大的城市规模使得我们的城市规划将逐渐由增量规划转为存量规划，城市更新将成为城市再发展的主要模式。新的发展模式更需要从立体的视角考量城市发展的空间，城市设计将扮演更加重要的角色。

最好的保护是能够延续历史城市的香火，并展现历史城市的生命力。其中历史遗存是城市空间财富，它向现代社会再现历史场景，并刻画进人们的记忆。

丁沃沃

● 历史地段的形态风貌是历时性积淀的结果。法定文物并非遗产的全部，遗产也不仅需要保护，还需要活化利用。

"保护与再生"将是未来中国城市空间实践创新的基本主题之一。

在保护中再生，在再生中保护，两者不应是相互割裂的并行线，而是二维一体的有机体。

韩冬青

● 对于历史文化街区的保护不需要有统一的时代风格，但是要有主要风格和风貌的绝大多数比例，而不能"传统—现代"之均质化、杂质化，或者同质化。

陈薇

南京小西湖历史文化街区

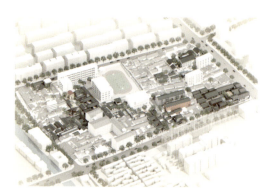

　　小西湖街区地处南京老城南历史城区东部,是南京为数不多比较完整保留明清风貌特征的居住型街区之一。

　　设计团队提出了"自愿、渐进"模式,以"院落或幢"为单元进行搬迁和修缮,充分尊重民意,待整个院落或幢住户全部签约交房后开始分步进行改造。尊重保留原住居民,留下街区传统文化,小西湖"小尺度、渐进式"微更新实践,每一处改造都透出情感和温度。

设计单位	→ 东南大学建筑学院、东南大学建筑设计研究院
项目地点	→ 江苏南京
建成时间	→ 2022 年
建筑面积	→ 5.1 万平方米

北京大栅栏历史文化街区

设计单位	→ 清华同衡、中国城建院等
项目地点	→ 北京
建成时间	→ 2011 年
建筑面积	→ 115 万平方米

重庆万州吉祥街城市更新

设计单位	→ WTD 纬图设计
项目地点	→ 重庆
建成时间	→ 2021 年
建筑面积	→ 2400 平方米

成都宽窄巷子历史街区

设计单位	→ 清华大学建筑学院、华清安地建筑设计
项目地点	→ 四川成都
建成时间	→ 2008 年
建筑面积	→ 6 万平方米

青岛市北区历史文化街区有机更新

设计单位	→ 卓远设计
项目地点	→ 山东青岛
建成时间	→ 2022 年
建筑面积	→ 20 万平方米

南头古城

　　南头古城采取规划 + 设计 + 代建 + 运营的模式，由政府投资建设。万科城市研究院在政府的指导下搭建运营管理平台，与区属国企深汇通、村股份有限公司合资成立运营公司，统筹南头古城的招商、品牌推广、街区营运与物业管理等，以文化创意为内容、业态转变为抓手，致力于把南头古城打造成具有历史底蕴的全景博物馆，成为深圳历史记忆之源、港澳同胞精神之根。

设计单位　→ 万科城市研究院、万路设计
项目地点　→ 广东深圳
建成时间　→ 2022 年
建筑面积　→ 51.7 万平方米

南昌三眼井历史街区保护与改造项目

设计单位　→ UA 尤安设计、辅助线工作室
项目地点　→ 江西南昌
建成时间　→ 2019 年
建筑面积　→ 7.6 万平方米

常州市青果巷历史文化街区织补更新设计

设计单位　→ 同济原作设计工作室
项目地点　→ 江苏常州
建成时间　→ 2022 年
建筑面积　→ 5.6 万平方米

上海徐家汇乐山社区街道空间更新

设计单位　→ 水石设计
项目地点　→ 上海
建成时间　→ 2022 年

福州三坊七巷

设计单位　→ 华清安地建筑设计
项目地点　→ 福建福州
建成时间　→ 2008 年
建筑面积　→ 127 万平方米

历史地图

　　我们从寻找一种历史研究的来源（Context）入手，展开了对绍兴青藤片区的历史溯源。这一来源应当相对独立完整，或多或少有别于文本和画卷，对于我们来说是可以对其理性感知并能够加以理解的。这一来源同时也可以与"当下现状"形成对照，这就是老地图。

　　在我们看来，与文本和画卷相比，老地图不易使人产生一些曲解。它记录的是过去历史中某一时间段的整体空间场景，其中同时展现着两种特质，即"时间跨度"与"空间影响"。

　　在明确了我们的研究来源以及比较了众多有记录的不同历史阶段的老地图之后，我们试图从中抽出线索，以便为绍兴青藤片区的历史溯源梳理出脉络。

Phase 1　山与水的基调

　　"山川"与"河流"分饰"生""息"，即"防御"与"耕种"。山与水是一座历史古城初始选址的必备要求，同时它们也携带着非人力所能抗衡的强大自然力量，深深地影响着这座城市的脉络衍生走向。换句话讲，绍兴这座古城的基因与最初构成它的山水是分不开的，也许从这座城市成形之日起，绍兴与山水之间就是扯不断、抛不开了。

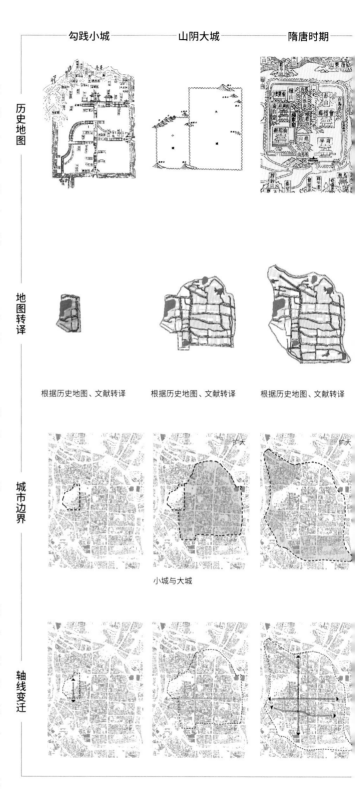

勾践小城　　　山阴大城　　　隋唐时期

历史地图

地图转译

根据历史地图、文献转译　根据历史地图、文献转译　根据历史地图、文献转译

城市边界

小城与大城

轴线变迁

宋元时期	明清时期	民国时期	20 世纪 70 年代	2023 年

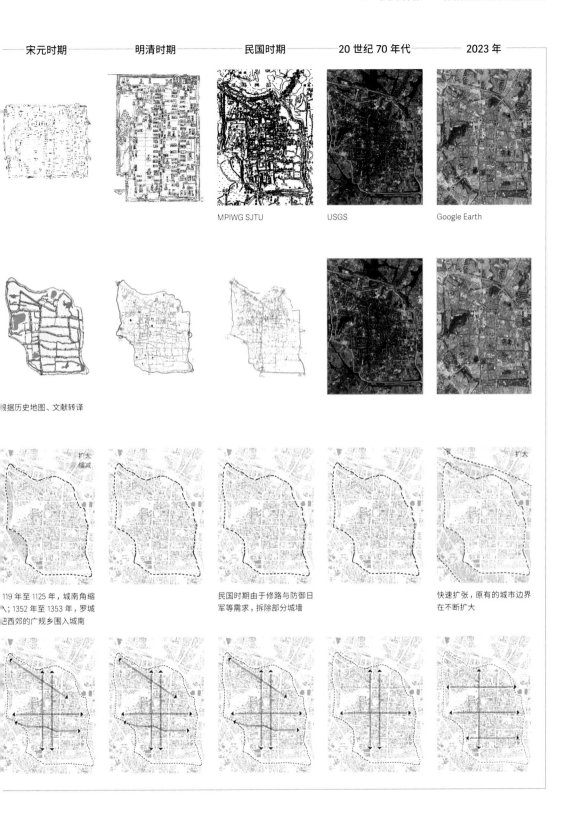

MPIWG SJTU   USGS   Google Earth

根据历史地图、文献转译

119 年至 1125 年，城南角缩
入；1352 年至 1353 年，罗城
把西郊的广规乡围入城南

民国时期由于修路与防御日
军等需求，拆除部分城墙

快速扩张，原有的城市边界
在不断扩大

Phase 2　宏观尺度下的细分

从小城到大城，规划思想不只是单一的"防御"与"耕种"，而是扩大到生产、生活等所需上来，形成绍兴水乡城市的雏形。青藤片区路网结构的变迁可以在明清历史地图中窥得，不同于绍兴常见的丁字形路口结构，这里形成了区域性的十字形路口。同时，官署、寺庙与书院等公共节点也在不同的历史地图中发生着改变，在这一过程中，一些路网、边界、街块逐渐被强化，最终稳定为绍兴这座城市的结构脉络。

Phase 3　微观与宏观间的耦合

近现代的军用地图以及航拍图呈现了一种新的城市发展脉络——"微观与宏观间的耦合"。与以往城市密度的单向增减不同，"耦合"强调的是内与外、小与大、微观与宏观之间的双向互动，其中不再仅仅牵扯诸如功能、尺度、类型等单一层面，而是城市内诸多层面共同组合而成的动态整体。因此，在"微观与宏观间的耦合"中，城市的局部变化是需要置入更大范围的整体城市中被研究的，这不仅需要将城市中的各种尺度、功能与层面作为观察对象，还需要捕捉这些对象之间相互作用的关系。

老地图作为研究的来源，我们所要探索的不仅仅是老地图呈现的空间面貌，还有不同时空之间的城市形态变化的线索脉络以及这些变化背后的原理。

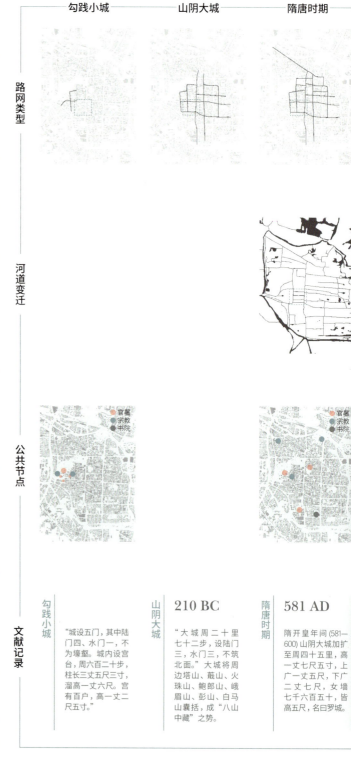

勾践小城　山阴大城　隋唐时期

路网类型

河道变迁

公共节点

文献记录

勾践小城
"城设五门，其中陆门四、水门一，不为壕堑。城内设宫台，周六百二十步，柱长三丈五尺三寸，溜高一丈六尺。宫有百户，高一丈二尺五寸。"

山阴大城
210 BC
"大城周二十里七十二步，设陆门三，水门三，不筑北面。"大城将周边塔山、蕺山、火珠山、鲍郎山、峨眉山、彭山、白马山囊括，成"八山中藏"之势。

隋唐时期
581 AD
隋开皇年间(581-600)山阴大城加扩至周四十五里，高一丈七尺五寸，上广一丈五尺，下广二丈七尺，女墙七千六百五十，皆高五尺，名曰罗城。

180

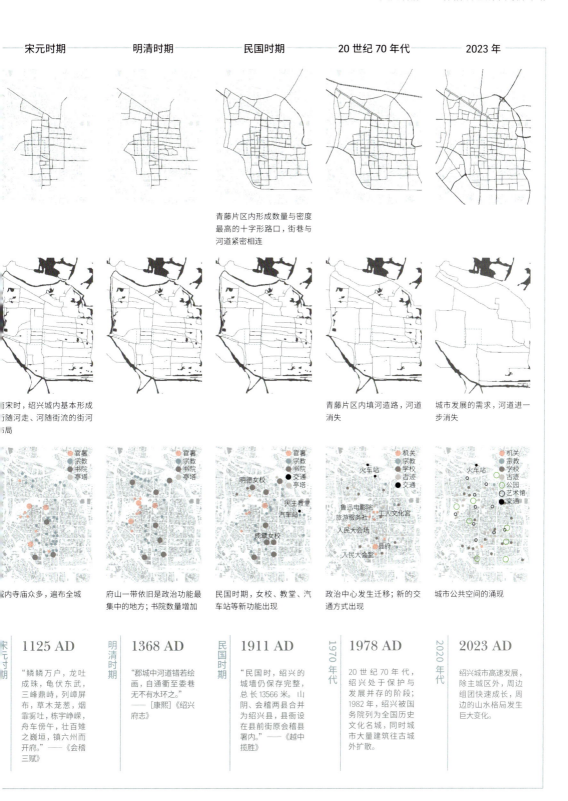

宋元时期	明清时期	民国时期	20 世纪 70 年代	2023 年

青藤片区内形成数量与密度最高的十字形路口，街巷与河道紧密相连

南宋时，绍兴城内基本形成街随河走、河随街流的街河布局

青藤片区内填河造路，河道消失

城市发展的需求，河道进一步消失

城内寺庙众多，遍布全城

府山一带依旧是政治功能最集中的地方；书院数量增加

民国时期，女校、教堂、汽车站等新功能出现

政治中心发生迁移；新的交通方式出现

城市公共空间的涌现

1125 AD

宋元时期

"鳞鳞万户，龙吐成珠，龟伏东武，三峰鼎峙，列嶂屏布，草木茏葱，烟霏雾吐，栋宇峥嵘，舟车傍午，壮百雉之巍垣，镇六州而开府。"——《会稽三赋》

1368 AD

明清时期

"郡城中河道错若绘画，自通衢至委巷无不有水环之。"——[康熙]《绍兴府志》

1911 AD

民国时期

"民国时，绍兴的城墙仍保存完整，总长13566米。山阴、会稽两县合并为绍兴县，县衙设在县前街原会稽县署内。"——《越中揽胜》

1978 AD

1970 年代

20 世纪 70 年代，绍兴处于保护与发展并存的阶段；1982 年，绍兴被国务院列为全国历史文化名城，同时城市大量建筑往古城外扩散。

2023 AD

2020 年代

绍兴城市高速发展，除主城区外，周边组团快速成长，周边的山水格局发生巨大变化。

昔时场景

老照片的记录让我们窥得一些旧时绍兴生活的场景。

我们所好奇的并不是一个画面、一系列姿态，而是过去时空中的由"物质"与"非物质"、"看得见"与"看不见"编织而成的环环相扣的文化之网。

绍兴是宋朝遗落在江南的一个旧梦。梦有许多印记，城市的印记是建筑、桥梁、街道、房舍。它与人文地理有关，与一座城市的清晰或朦胧总体感觉有关。

市集

老街与桥

绍兴临河的街路很多，茶店也多开于这些地方，尤其是在船埠头更多。

绍兴是万桥之市。桥和街，在绍兴是一对兄弟。这不仅表现在水乡与众不同的地理和城市格局上，而且还表现在桥和街衢、巷陌相辅相成的文化上。

绍兴城里九头门，十庙百庵八桥亭。

茶馆

泡茶极有讲究，清末民初的绍兴，一般茶馆都要泡碗头茶。

日常

晾晒空间

"一只又一只的乌篷船养着鲜虾和螺蛳，沿河走过，惹临河人家打开后门购买。有一等更为省事的，干脆从窗户吊下篮子来，此情此景与墙壁上披挂的藤萝一样古老朴实。"

古桥

水城门

桥下戏台

休憩纳凉

三山万户巷盘曲
百桥千街水纵横

运输

巷道

绍兴许多迂回曲折的小弄小巷，便于人
们穿行其间。这种巷弄，多以石板铺路，
幽深而静谧。其宽大的丈余，窄小得仅
容二人擦肩而过。

商贾店招

农贸早市

来自农村挑担的商贩在门前摆摊售卖竹篮里的
新鲜蔬菜，他们还在使用传统的扁担运输方式。

挑扁担是个技巧活，走起来也要就着扁担的忽
悠劲头摇晃着身子走路，这样可以节省力气。

临河人家多以河岸水边叠石
为基，前街后河，前门开店
营业，后门河埠进货，兼得
水陆交通之便。

沿街店铺多是平屋和二层楼
屋，最常见的店铺有南货店、
米行、绸庄、当铺、酒家、
茶栈、酱园等。

说台门是绍兴民居的正统
并不为过，独一无二的建
筑轮廓和水乡风韵足可与
北方四合院媲美。

台门一般都坐北朝南，临
街或临河而建，屋宇高大，
石箍门框，石级台阶、黑
漆大门，青砖黛瓦粉墙，
外观庄严厚重。

台门

每一种真正的历史都是当代史。

——贝奈戴托·克罗齐（意）

PART 2
当下

在汗漫无边的历史中撷取片段
往往意味着将更广袤的"文化"遗忘。
如果复数的文化代表着无数相异
甚至是排斥的心灵个体，
那么我们应该选择怎样的
"时间"与"空间"
去构筑绍兴青藤片区的
文化基础？

课题区位

城市语境下的"又见青藤"

　　阡陌交通，河网密布，绍兴的自然肌理承载了诸多的人文故事也搭建了经典的故里街区。在传统的八大历史故里中，我们重点研讨过"阳明故里""鲁迅故里""书圣故里""八字桥片区""越子城片区"以及"塔山片区"的规划建设。在这些基础上，我们希望借助"徐渭故里—青藤街区"的城市课题研究，使得现代城市历史街区的更新改造更具典型价值，以便可以拓展成片，拓扑延展，这即是我们的"广义青藤"。

当我们聚焦于青藤街区，狭义的"又见青藤"是我们从徐渭"青藤书屋"出发，针对场地范围内建筑学本体的研讨。在这种层级下，"又见青藤"主体研究范围约 13.4 公顷，其中：东临解放南路，西临仓桥直街及（府山）环山河；北侧为人民西路，南侧为鲁迅西路。徐渭故里内纵横交错着诸多历史巷道，鳞次栉比地排布着优秀的文保建筑、充斥着的跌宕起伏人文故事，我们通过对当下环境和人文的调研记录，"青藤街区"的脉络逐渐向人们清晰地呈现。

田野调查

儿女探望但无处停车；高楼遮挡晒不到太阳；更新改造仅停留在街面尺度，对自身没有影响没有过多关注。

"最喜欢去弄堂里和大家聊聊天。"

受访者：某爷爷
年龄：70+ | 身份：居民
采访地：后观巷口北侧院落

整体环境改善，生活便利，改善了就业问题；游客数量庞大，提升了整个片区活力，期待后续更新。

"徐渭艺术馆建好，这里热闹多了。"

受访者：某阿姨
年龄：40+ | 身份：艺术馆员工
采访地：青藤游客服务中心

作为游客，认为艺术馆馆内、青藤书屋体验较好；对这块街区的改变表示惊讶，认为街区没有成片打造艺术氛围和活动，且缺少其他艺术空间。

"希望有更多的艺术空间让我转转。"

受访者：某叔叔
年龄：40+ | 身份：游客
采访地：徐渭艺术馆

去徐渭艺术馆里面的机会较少，使用度更高的是青藤广场；广场上活动较多，白天的休闲活动主要是散步和打牌；倾向于留在此处养老。

"广场上活动很多，晚上也很热闹，我们想多些这样的地方。"

受访者：某爷爷
年龄：60+ | 身份：居民
采访地：青藤广场

居民区和景区没有良好区分；住户厨房油污和生活区交叉；晚上没有路灯，电动车停得乱七八糟，停车位很少。

"隔壁的厨房油烟每天都会飘到我家里。"

受访者：某奶奶
年龄：70+ | 身份：居民
采访地：和平弄

徐渭艺术馆建成后游客增多，很有活力；卫生条件有较大改善；游客常常找不到路；大巴车、私家车停车很不方便；老房子居住环境不好，缺少晾晒空间。

"游客经常找不到地方，还要问我们路，停车也是临时停到巷口。"

受访者：某叔叔
年龄：40+ | 身份：环卫工
采访地：后观巷巷口

街道潮汐现象，生意受到影响；道路车辆乱停影响生意；怀念原本业态，晚上街道也很热闹。

"以前一天到晚都是热闹的，现在闭馆没了游客，一下就冷清了。"

受访者：某叔叔
年龄：40+ | 身份：理发店老板
采访地：后观巷

经营状态良好。客人以熟客为主，目前游客逐渐增多；艺术馆经营给自己带来更多客人，支持改造；倾向于继续在此处经营。

"小本生意而已，留在这里主要舍不得这条街。"

受访者：某叔叔
年龄：40+ | 身份：饭店老板
采访地：后观巷

徐渭艺术馆建成后烟火气和归属感有所提升；这条街上大多是小饭店、理发店、理疗店这些小店，环境不佳；游客大多直奔徐渭艺术馆、青藤书屋后就离开；后观巷这条街很难留得住游客；后观巷的景观有待提升。

"这边的商铺大多留不住游客。"

受访者：某大哥
年龄：30+ | 身份：打印店员工
采访地：后观巷

姚家台门始建于清末，后经损毁改造加建等；未来会经常到青藤广场玩；周边的施工对目前生活影响较大；施工队对文物不够尊重，保护意识不足；对这里有很多记忆，且倾向于留在这里，但是对征迁有一定的心理准备。

"真的喜欢这个地方，院子是真好！"

受访者：苏奶奶
年龄：60+ | 身份：居民
采访地：开元弄

这是一家网红茶铺。通过改造传统民居，充分利用了河岸空间和屋顶露台来吸引游客；平时一个人打理店面，节假日游客增多，会雇用服务员；店内结合书法、生活老物件等作艺术装饰。

"冬季来体验围炉煮茶的游客很多，夏季会更换不同茶饮。"

受访者：某姐姐
年龄：30+ | 身份：茶铺老板
采访地：仓桥直街

认为这里始建于三百多年前，且有柱础为证；小时候曾见过墙上的太平天国壁画。但是由于没有保护已损毁消失，这里的多数人希望被征迁；除了房子小，日常生活出行都较为便利。

"除了房子小一点，其他什么都很方便的。"

受访者：某大爷
年龄：60+ | 身份：居民
采访地：开元弄义和园

仓桥直街大部分是老年夫妻居住；居住空间面宽窄，进深大，有天井院落；底层临街多作客厅或厨房；平时晾晒基本都在街道空间，室内空间局促，采光也较差；平时邻里交流很频繁，多在户外巷口聊天。

"大半辈子都生活在这里，邻里邻居都非常熟悉。"

受访者：老奶奶们
年龄：70+ | 身份：居民
采访地：仓桥直街

据说这里有太平天国壁画，已被吊顶保护；社区服务中心办公面积不足，希望能将社区服务中心和活动室结合。

"徐渭在社区中名人效应显著，书法也算是我们社区的一个特色。"

受访者：宋阿姨
年龄：40+ | 身份：社区居委会主任
采访地：前观巷

T形街道节点汇聚了大量的游客和日常居民；来往人群都会在此地停留休息，屋檐下的座椅使用率高；街道两侧以居住、晾晒为主，有小型的便利商业服务。酒店招牌具有很好的广告效益，吸引大量游客。

"天气好的时候，每天午后都在门口晒晒太阳。"

受访者：老爷爷
年龄：70+ | 身份：居民
采访地：仓桥直街与后观巷路口

经营状况较好，以邻里周边熟客为主；对新造的艺术馆有一定好奇心和兴趣；对旅游开发、改造更新较为支持配合；倾向于留在这里继续赚钱。

"这也是为了保留，要有这种古色古香的感觉。"

受访者：某阿姨
年龄：40+ | 身份：商贩
采访地：大乘弄

码头主要线路自"宝珠桥"起到"作揖坊桥"为止，票价由80元上涨到120元，游客收益率降低；河道水质较差，近期政府在开展整治；码头广场平时会聚集大量游客在此停留。周边有很多临街商铺。

"节假日周末来往的游客非常多，周内也有不少年轻人来来往往。"

受访者：某阿姨
年龄：40+ | 身份：商贩
采访地：乌篷船码头

附近交通很便利，五分钟就能走到菜市场，生活还是便利的；因为街区是学区房，小朋友很多；附近缺少活动空间。

"这里是学区房，老年人看孩子的偏多，很多都租出去了。"

受访者：某阿姨
年龄：50+ | 身份：居民
采访地：和平弄东侧居民楼

鉴湖琴社在圈内很有名气，经常参与各地的雅集活动；如果徐渭艺术馆的场地申请手续简化，那么鉴湖琴社还是十分愿意就近举办雅集；教学空间很小，很多学生都无法共同听课。

"跟随师父在这里学习古琴与授课。师父经常受邀参与雅集活动。"

受访者：某大哥
年龄：30+ | 身份：琴社老师
采访地：仓桥直街

189

街道风貌

仓桥直街

仓桥直街全长 1.5 公里，由河道、民居、街坊三部分组成。民居多建于清末民初，其房屋和院落格局构成了绍兴特色的"台门"式样，并具有浓郁的水乡风貌。2003 年，仓桥直街获"联合国教科文组织亚太地区文化遗产保护优秀奖"。

仓桥直街毗邻（府山）环山河。其河道两侧以水乡传统民居为主，大多数民居后院都有一个小河埠，居民可由河道回家，亦可在此进行日常起居的清洁盥洗。街道与河道共同呈现出绍兴城内典型的"一河无街"格局，水陆与陆路共同承载了商业功能与生活氛围。

前观巷

"前观巷全长 287 米，路幅宽 10 米，其中车行道宽 5 米，路面用沥青浇筑，两侧人行道宽各 2.5 米，用青石板铺筑。前观巷原为一河一路，南侧为河，北侧为 3 米宽的石板小路，沿路建有房屋。"（《绍兴街巷》屠剑虹著，2006）

现在，由于现代居住空间的需求，前观巷道路两侧主体为多层居住小区，此外还包括绍兴师爷馆等现代博物馆以及商业建筑。在传统台门建筑中，清代建筑凌家台门和张家台门保存最为完好，尤其是凌家台门中仍保留的太平天国壁画（市保单位），具备极高的历史价值。

后观巷

"后观巷全长 291 米，路幅宽 10 米至 12.8 米不等，其中车行道用沥青浇筑，两侧人行道用青石板铺筑。后观巷在清末时仍保存一河一路格局，依次架有木瓜桥、治平桥、章家桥等石桥。"（《绍兴街巷》屠剑虹著，2006）

如今的后观巷经过整改，道路均用石板铺设，以人行道为主，两侧建筑仍保持着粉墙黛瓦的传统风貌。然而随着生活需求的变更，沿街建筑也几经改造为"前商后住"的混合模式，在以徐渭艺术馆为节点所串联的街道两侧，后观巷的艺术和商业活动价值得到充分提升。

解放南路

"解放南路北起人民路口，南至环城南路，道路长 1700 米，东西两侧相邻有府河与塔山。旧时，解放南路原为一条宽约 6 米的泥结碎石子路，并由诸多河道路段以及桥梁组成，与车行马路相比，街道显得较为狭窄，且商店分布较为分散，商业氛围较为冷清。"（《绍兴街巷》屠剑虹著，2006）

自 1952 年至 2022 年前后的近 10 次改造后，解放南路铺面，路宽都得到极大的改善与拓宽，成为绍兴最重要的南北主干道之一。目前，两侧建筑商业密布，坡屋顶与现代建筑交错排列，林立的标志性节点如春天百货、塔山文化广场、金时代广场等。道路两侧树木繁茂，周边的故里街区与城市景观相互映衬，步行体验得到了很大的提升。

人民西路

"人民西路东起解放南路，西至大教场沿，全长 821 米。人民西路惠兰桥至酒务桥段原系一河二路，河上筑有酒务桥和小酒务桥等石桥。酒务桥是绍兴著名古桥，相传宋朝时在桥畔有专管酒业的衙门——酒务署，"酒务桥"因此得名并沿用至今。抗日战争时，拆除桥两侧的石台阶，改为石板铺设，1971 年重建此桥，将拱桥改为水泥抬梁桥。"（《绍兴街巷》屠剑虹著，2006）

人民西路经 1995 年的拓宽工程改造为 30 米路宽，是城市现代化建设的坚实基础，并且成为绍兴东西重要的主干道之一。沿路两侧的建筑重要的节点有：绍兴鲁迅小学、恒济典当当铺、诸多银行分支机构等，建筑风貌既有传统街区的白墙黑瓦及中式屋顶，又有现代化的办公大楼，混杂多样。

仓桥直街（西）：人民西路—后观巷

仓桥直街（西）：后观巷—前观巷

仓桥直街（西）：前观巷—鲁迅西路

人民西路（南）

传统台门

赫隐酒店

乌篷船码头

作揖坊桥

后观巷路口

街角广场

后观巷（北）

后观巷（南）

前观巷（北）

前观巷（南）

青藤别苑

徐渭艺术馆

老旧片墙

青藤苑小区

大乘弄

小乘弄

传统民居
2020 年绍兴市
历史保护建筑
桥夏茶铺

传统民居

鉴湖琴社

解放南路（西）

前观巷路口
嘉银广场
原春天百货
开元弄路口

传统台门

传统台门

传统台门

高氏民居

2017 年绍兴市
历史保护建筑

徐渭艺术馆

同仁堂药铺

仓桥直街

环山河

酒务桥

四进台门

游客服务中心

姚氏民居
历史建筑

青藤广场

传统台门
开元弄 12 号

青藤书屋
2006 年国家级文保

陈氏民居
历史建筑

徐渭雕像

榴花斋

传统台门

凌家台门——太平天国壁画
绍兴市历史保护单位

张家台门

绍兴市税务局

高氏民居

历史建筑

仓桥直街

绍兴师爷馆

仓桥直街

功能业态

商业服务

① 商业百货
② 便利零售
③ 餐饮
④ 住宿
⑤ 文艺文创
⑥ 生活辅助

办公生产

① 商务办公
② 服务办公
③ 产业办公

基本居住

① 传统民居
② 商业居住

艺术文化

① 博物展示
② 文化活动
③ 教育
④ 宗教文化

公共服务

① 社区居民服务
② 街区游客服务
③ 城市市民服务

标志性建筑

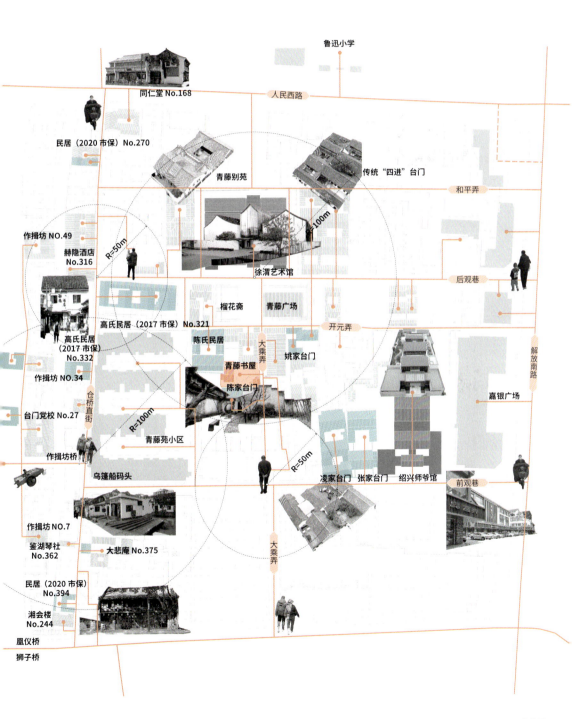

鲁迅小学

同仁堂 No.168

人民西路

民居（2020 市保）No.270

青藤别苑

传统"四进"台门

和平弄

作揖坊 NO.49

赫隐酒店 No.316

R=50m

R=100m

徐渭艺术馆

后观巷

高氏民居（2017 市保）No.321

榴花斋

青藤广场

高氏民居（2017 市保）No.332

陈氏民居

开元弄

大乘弄

青藤书屋

姚家台门

作揖坊 NO.34

陈家台门

嘉银广场

台门党校 No.27

仓桥直街

R=100m

青藤苑小区

R=50m

解放南路

作揖坊桥

乌篷船码头

凌家台门　张家台门　绍兴师爷馆

前观巷

作揖坊 NO.7

鉴湖琴社 No.362

大悲庵 No.375

大乘弄

民居（2020 市保）No.394

湘会楼 No.244

凰仪桥

狮子桥

场地问题

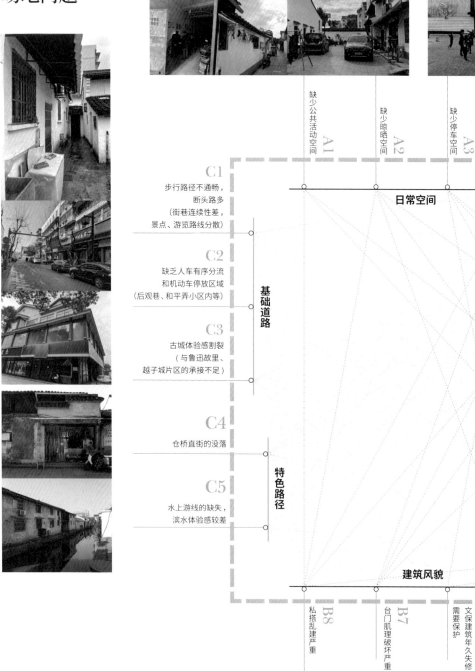

A1 缺少公共活动空间
A2 缺少晾晒空间
A3 缺少停车空间
居住环境需要改善

日常空间

C1 步行路径不通畅，断头路多（街巷连续性差，景点、游览路线分散）

C2 缺乏人车有序分流和机动车停放区域（后观巷、和平弄小区内等）

C3 古城体验感割裂（与鲁迅故里、越子城片区的承接不足）

基础道路

C4 仓桥直街的没落

C5 水上游线的缺失，滨水体验感较差

特色路径

建筑风貌

B8 私搭乱建严重
B7 台门肌理破坏严重
B6 文保建筑年久失修需要保护
新旧建筑材质混杂多样

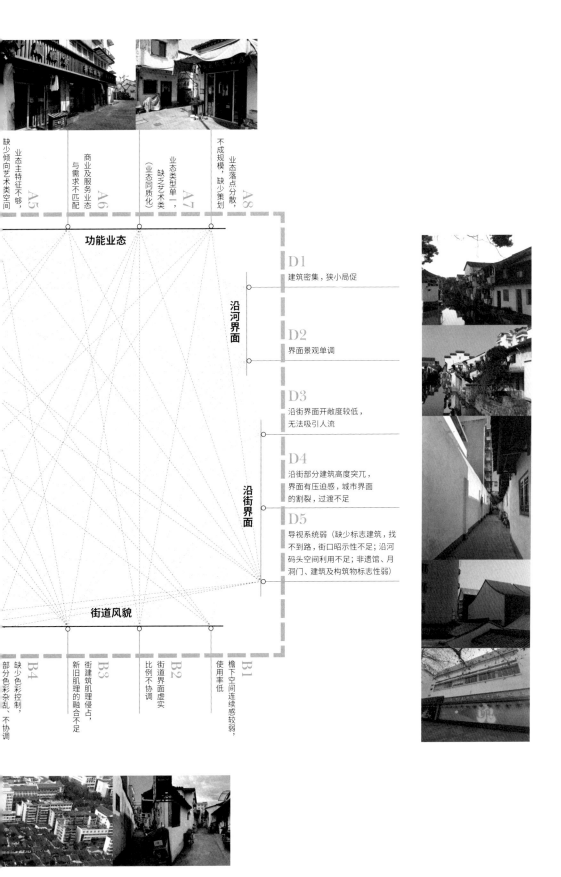

功能业态

A5 缺少倾向艺术类空间，业态主特征不够

A6 商业及服务业态与需求不匹配

A7 业态类型单一，缺乏艺术类（业态同质化）

A8 业态落点分散，不成规模，缺少策划

沿河界面

D1 建筑密集，狭小局促

D2 界面景观单调

D3 沿街界面开敞度较低，无法吸引人流

沿街界面

D4 沿街部分建筑高度突兀，界面有压迫感，城市界面的割裂，过渡不足

D5 导视系统弱（缺少标志建筑，找不到路，街口昭示性不足；沿河码头空间利用不足；非遗馆、月洞门、建筑及构筑物标志性弱）

街道风貌

B1 檐下空间连续感较弱，使用率低

B2 街道界面虚实比例不协调

B3 街建筑肌理侵占，新旧肌理的融合不足

B4 缺少色彩控制，部分色彩杂乱、不协调

肌理、街道、标记、访查……当我们在徐渭故里中肆意游走时不难发现，在历史文本与现代时间的交错之中，青藤街区持续变更着它的时代角色与现实面貌，物质环境的更替与人群生活的需求也穿插交织着，形成诸多矛盾且相互牵引。历史是过去的故事，亦是当下的命题，人们各自负责彼此的时间文本，在同一片环境中对答。

PART 3
城市设计

意大利建筑师阿尔多·罗西（Aldo Rossi）
认为，历史积淀下的城市是一种
集体无意识的折光，
而作为众多有形建筑物的集合，
城市又是极具个性的。
抛开日常感受，
只关注纸面记录的城市历史，
抑或是沉醉于"日常"的感性泥沼
都是理解绍兴这座历史古城的歧途。

徐渭故里城市设计轴测图

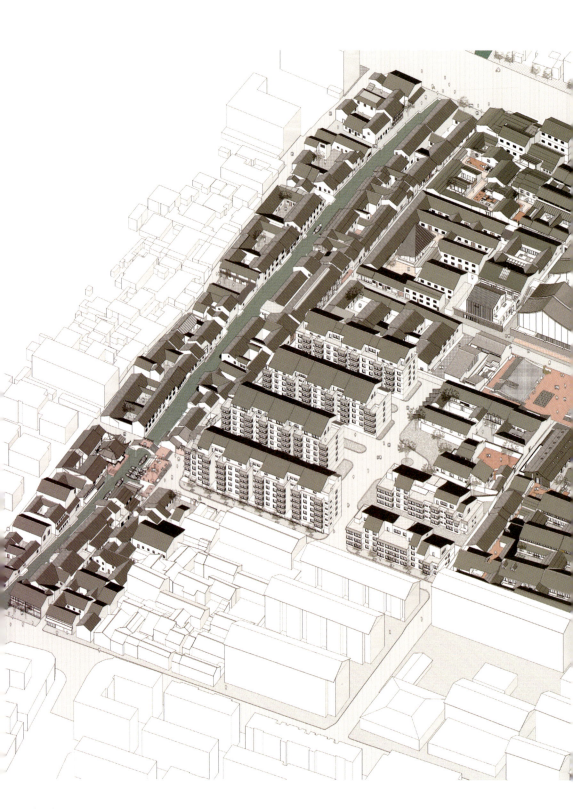

"光芒夜半惊鬼神"的"旷世奇才"徐渭，与象征着大泼墨艺术的传统文化精华，正面临着现代生活的种种冲击。作为当代人，面对"过去完成时"与"将来进行时"究竟该做出何等权衡。如何保护同时又能化解生活方式的演变、价值利益的更新，在"历时性""延续性"和"多样性"里寻找科学的保护价值观、辩证的建筑历史观、相对原真性理念下的城市发展观，正是"又见青藤"城市研究项目的初心所在。我们希望，这样的研究和实践能为建筑遗产的保护与更新工作提供参考。我们认为，建筑遗产，只有在可持续使用的前提下，它才是真实的存在，才可以说它还活着……

1 青藤书屋	7 张家台门	13 群众艺术街区	19 仓桥民宿
2 徐渭艺术馆	8 凌家台门	14 群艺馆	20 社区活动中心
3 青藤广场	9 艺术家社区	15 社区客厅	21 水街集市
4 青藤别苑	10 社区图书馆	16 藤空间	22 水田月剧场
5 青藤书院	11 蛇形画廊	17 藤艺馆	23 码头茶馆
6 绍兴师爷馆	12 共生苑	18 青少年活动中心	

城市设计 | 首层平面图

城市设计｜屋顶平面图

原始屋顶平面图

2020 年 6 月航拍

昔时的徐渭故里似乎融在了绍兴这座千年古城缓慢的演变进程中，以至于这里大大小小的改变都已经变得习以为常。穿过大乘巷弄，青藤书屋与周边的民居相差无几，若不是门前"文保建筑"的牌匾，很难让人想象，这里曾是 500 年前的旷世奇才徐渭的居所。日渐斑驳的机床厂老墙面印证着这里闲置已久的事实，然而老机床厂和其对面青藤舞厅热闹喧哗的记忆总会被熟悉这里的人们一同回忆。少年宫也在以一种"缓慢"的节奏运转着，它早已无法匹配周边青少年们日益多样的兴趣与需求……

青藤书屋、老街巷和老台门依旧保留着原先的尺度和样貌，走在老石板铺设的街巷里，总会牵动起一些独属于老绍兴人的记忆与情愫。徐渭艺术馆、青藤广场以及绍兴师爷馆的落地为这里注入了新的活力，一些新鲜的人来到这里，一些新鲜事也在悄然发生着。原住民们的生活主题也不再仅仅只是关于"离开"，更多的是关于"回归"与"焕新"，越来越多的尘封于"过去完成时"中的风景等待着被唤醒。

2022 年 9 月航拍

肌理织补

青藤 1.0 以青藤书屋（徐渭故居）为核心，向外延伸，片区内的新建、保护项目包括徐渭美术馆、青藤广场、绍兴师爷馆、青藤书屋（明）、张家台门（清）、陈家台门（清）、青藤书院、社区公共空间等。在青藤 1.0 的更新中，核心建筑徐渭艺术馆与青藤广场作为文化地标，增强了社区居民的归属感，改善了社区基础设施与公共活动环境。总结来讲，青藤 1.0 是一种相对自上而下的、围绕着新建核心建筑与历史文保建筑的空间梳理与环境提升。

青藤 2.0 则强调多方的共同参与和全面的建筑评估。在青藤 2.0 中，需要对社区居民生活与物质环境进行深入细致的社区调研，同时从多视角、多专业介入与参与，进行"一户一策"的社区营造。基于对历史文脉、人群访谈、现状环境等一系列的梳理与调研，统筹兼顾地制定城市设计导则，进而为青藤社区未来蓝图的描绘提供理论依据。

调研评估 ·········

周边建筑

风貌较好，建议保留

有历史价值，建议修缮

风貌一般，建议改造

风貌较差，建议拆除

青藤 1.0 与 2.0 的划分并非强调两者之间存在一条泾渭分明的界线，而是为我们的更新模式在时间与空间上添加两处锚点。我们最终所呈现的是 1.0 与 2.0 互为补充、共同组成的整体，一个"艺术介入"与"回归日常"双向互动的生活有机体。

织补策略 ·········

周边建筑

保留 / 小尺度自更新

修缮 / 保护其原真性

改造 / 原有肌理织补

新建 / 城市肌理重构

青藤 1.0（2020—2021）　　　　　　　　　青藤 2.0（2021—2023）

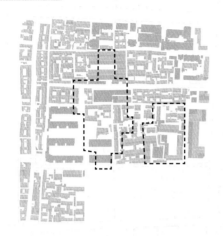

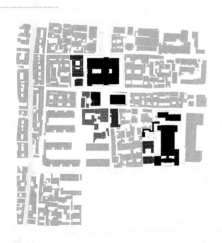

流线建议（规划）

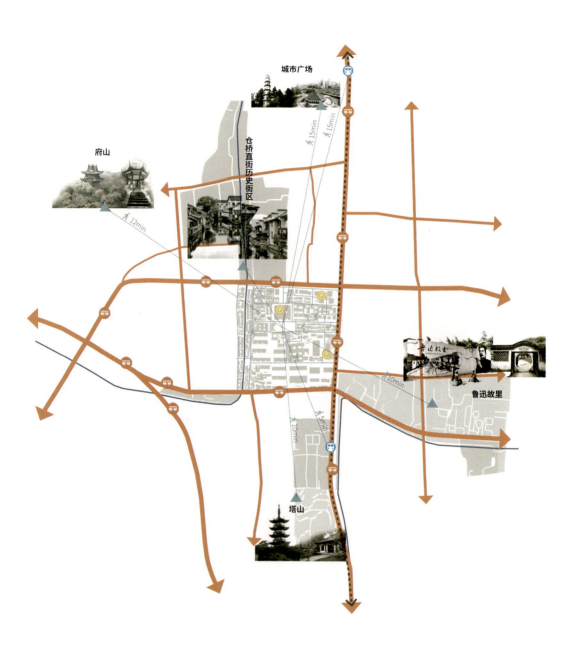

▲　周边重要景点

🚌　公交站点

🚇　地铁站点

🅿　地下停车

▬　主要道路

▬　主要人行路径规划

↔　地铁线路

业态建议（规划）

先锋业态

文化	主会场 徐渭艺术馆	爱君书院静 青藤书屋	非遗展览 群艺馆	特色台门 台门壁画馆
别有洞天 月洞门	闹市灯如昼 灯会	分会场 绍兴师爷馆	青藤全览 藤艺馆	群英荟萃 艺术家社区
载一船春色 沿河风情	坐看云起时 桥河码头	文化体验 非遗体验馆	**居住**	娱乐＆健身 社区中心
闲暇阅览 社区图书馆	傍晚活动 复合广场舞	日常闲逛 慢行系统	闲聊交流 文长书院	特色观影 水田月剧场
餐饮 沿街早餐店	日常茶话 茶铺	购物 仓桥小店	特殊需求 理发、推拿	医疗服务 同仁堂药铺
商业	青藤一窥 藤咖啡	喝点墨水 漱藤书店	白日清醒 码头茶馆	夜间狂欢 休闲酒吧
带点什么 文创零售	时空穿越 台门酒店	与古对话 手工作坊	食之其味 榴花斋	总得留宿 青年旅社

业态变化

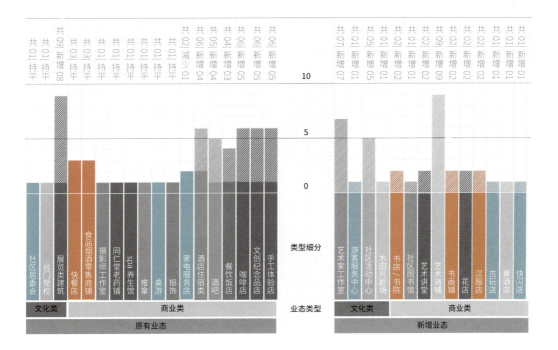

剧本的再现

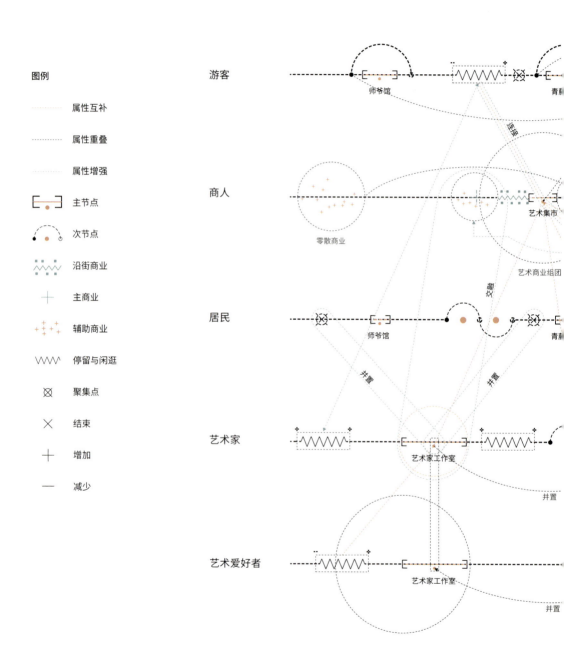

图例

属性互补

属性重叠

属性增强

主节点

次节点

沿街商业

主商业

辅助商业

停留与闲逛

聚集点

结束

增加

减少

游客

师爷馆

青藤

连接

商人

零散商业

艺术集市

艺术商业组团

居民

师爷馆

青藤

交趣

并置

并置

艺术家

艺术家工作室

并置

艺术爱好者

艺术家工作室

并置

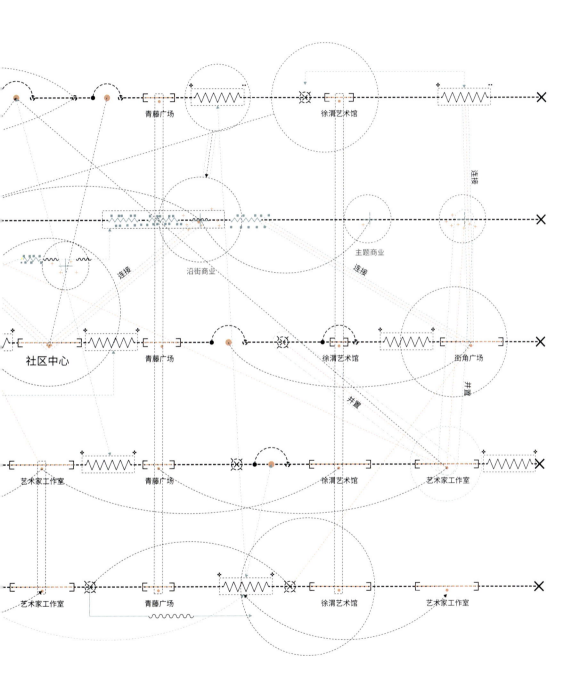

青藤广场　徐渭艺术馆

连接

沿街商业　主题商业　连接

社区中心　青藤广场　徐渭艺术馆　街角广场

并置

艺术家工作室　青藤广场　徐渭艺术馆　艺术家工作室

艺术家工作室　青藤广场　徐渭艺术馆　艺术家工作室

再现的剧本

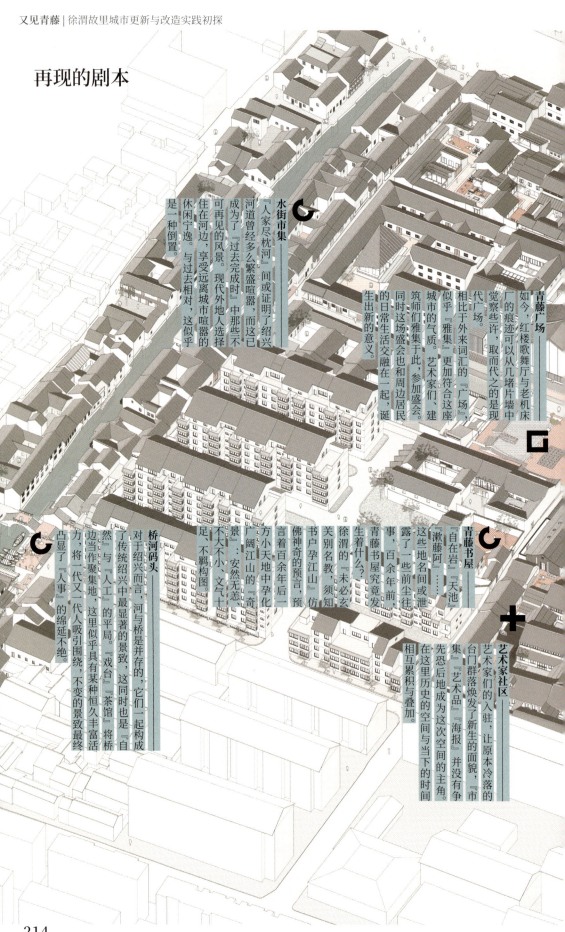

水街市集

「人家尽枕河」间或证明了绍兴河道曾经多么繁盛喧嚣，而这已成为了「过去完成时」中那些不可再现的风景。现代外地人选择住在河边，享受远离城市喧嚣的休闲宁逸。与过去相对，这似乎是一种倒置。

青藤广场

如今，红楼歌舞厅与老机床厂的痕迹可以从几堵片墙中觉察些许取而代之的是现代广场。相比于外来词汇的「广场」，似乎「雅集」更加符合这座城市的气质。艺术家们、建筑师们雅集于此，参加盛会。同时这场盛会也和周边居民的日常生活交融在一起，诞生出新的意义。

桥河码头

对于绍兴而言，河与桥是并存的，它们一起构成了传统绍兴中最显著的景致。这同时也是「自然」与「人工」的平局。「戏台」「茶馆」将桥边当作聚集地，这里似乎具有某种恒久丰活力，将一代又一代人吸引围绕，不变的景致最终凸显了「人事」的绵延不绝。

青藤书屋

「自在岩」「天池」「漱藤阿」……这些地名间或泄露了一些前尘往事。百余年前，青藤书屋究竟发生着什么？徐渭的「未必玄关别名教，须知书户孕江山」仿佛神奇的预言，预言着百余年后一方小天地中孕化广阔江山的「奇景」：安然无恙，不大不小，文气十足，不羁构图。

艺术家社区

艺术家们的入驻，让原本冷落的台门群落焕发了新生的面貌，「市集」「艺术品」「海报」并没有争在这里历史的空间与当下的时间先恐后地成为这次空间的主角。相互累积与叠加。

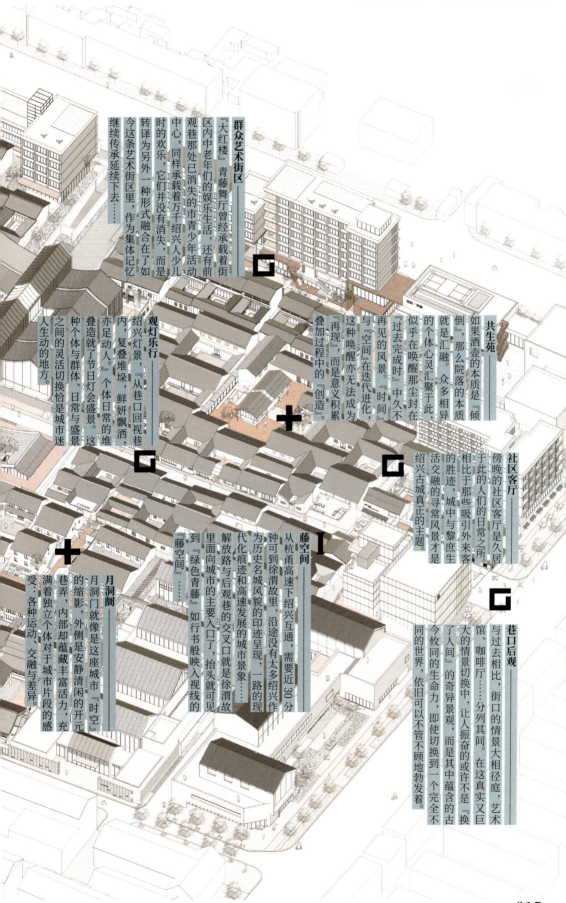

群众艺术街区
『大红楼』青藤舞厅曾经承载着街区内中老年们的娱乐生活，还有前观巷那处已消失的市青少年活动中心，同样承载着万千绍兴人少儿时的欢乐，它们并没有消失，而是转译为另外一种形式融合在了如今这条艺术街区里，作为集体记忆继续传承延续下去……

观灯乐行
绍兴灯景，『从巷口回视巷内，复叠堆垛，鲜妍飘洒，亦足动人』个体日常的堆叠造就了节日灯会盛景。这种个体与群体、日常与盛景之间的灵活切换恰是城市迷人生动的地方。

共生苑
如果酒壶的本质是『倾倒』那么院落的本质就是汇融。众多相异的个体心灵汇聚于此，似乎在唤醒那尘封在『过去完成时』中久不再见的风景。『时间』与『空间』在迭代进化，这种唤醒亦无法成为『再现』，而是意义积累叠加过程中的『创造』。

社区客厅
傍晚的社区客厅是久居于此的人们的日常之所。相比于那些吸引外来客的胜迹，城中与黎庶生活交融的寻常风景才是绍兴古城真正的主题。

月洞阗
月洞门就像是这座城市『时空』的缩影，外侧是安静清闲的开元巷弄，内部却蕴藏丰富活力，充满着独立个体对于城市片段的感受。各种独立个体、交融与差异。

藤空间
从杭甬高速下绍兴互通，需要近30分钟可到徐渭故里，沿途没有太多绍兴作为历史名城风貌的印迹呈现，一路的现代化痕迹和高速发展的城市景象……解放路与后观巷的交叉口就是徐渭故里面向城市的主要入口了，抬头就可见到『绿色青藤』如行书般映入视线的『藤空间』……

巷口后观
与过去相比，街口的情景大相径庭，艺术馆、咖啡厅……分列其间。在这真实又巨大的情景切换中，让人振奋的或许不是『换了人间』的奇异景观，而是其中蕴含的古今协同的生命力，即使切换到一个完全不同的世界，依旧可以不管不顾地勃发着。

追忆与
预言

桥河码头

时间 ○ 初春日落，2041 年　　　　**天气** ○ 微风
音效 ○ 人群的交谈声＋叫卖声，（船舶停靠）木
板的碰撞声与吱呀声

天光微暗，春风拂面，正值一年中上佳的时节。络绎不绝的商客、此起彼伏的叫卖声、纵横交错的乌篷船，都尽数相融于"桥河码头"，人们在欢闹熙攘中等候一个开场——今天，是"青藤曲社"开箱的日子。

"水乡戏社"是绍兴人追忆昔日人文，搭载希冀和预言的独特媒介。约四百五十年前，徐渭突破陈旧的桎梏，以"四声猿鸣"演绎了"南曲杂剧"的序章。如今，人们在此等待，既是静候聆听一段传统故事，更是在"观演共置"的河岸码头，共同转译了新的剧目：虽聚焦中心，但均是舞台，河与戏的对话，船与桥的擦肩，人与曲的融合，在桥河码头的视觉转化中，构成了一幅幅动态变换的光景。随着暮色降临，晚风微寒拂过水面，人们相互依偎，"南曲"随风悠扬地穿越过仓桥直街的每一户居民，透过窗扇，沁入心间，此时此刻的故事，便是往昔与未来最适恰的衔接。人们无须更多的言辞，河与岸的场景即是最好的注解。

青藤书屋

时间 ◎ 初秋日暮，2041 年　　　　天气 ◎ 阴转晴
音效 ◎ 鸟儿的叽喳声、游客的交谈声、儿童的嬉笑声、摄影机的记录声（微弱）

"自在岩""天池""漱藤阿"……这些地名间或泄露出一些前尘往事，让人不禁好奇：百余年前，青藤书屋里究竟发生了什么？徐渭又在这里挥洒出多少飞扬的写意笔墨？

时光流转，如今的古城已不复旧日模样。在窄小的大乘弄某一段，刷了灰色外墙涂料的便是著名的"青藤书屋"了。踏入青藤书屋，恍若另一个境地：静谧的院子，大概也就三百多平方米，一条弯曲而不柔媚的小径从门口引向书屋的月洞门。安然无恙、不大不小、文气十足、不羁构图，这大概是青藤书屋留给我们最深的印象了。

如今参观青藤书屋有了更多新的方式，借助 VR 设备，游客们可以在虚拟与现实、想象与写实之间切换游览。让人更惊喜的是，增强现实的投影技术让梵高的作品可以在这幢文保建筑中展出，这种跨越百年、跨越东西方千万里的两位绘画天才的对话着实让人震撼。徐渭的"未必玄关别名教，须知书户孕江山"仿佛神奇的预言，预言着百余年后这里的人和事、这里的天地奇景。

追忆与
预言

水街市集

时间 ○ 初夏清晨，2041 年　　天气 ○ 晴
音效 ○ 商贩的吆喝声、游客的交谈声、船只的划
桨声

这一天，水街的宁静被一阵久违的喧嚣打破。

晨光熹微，仓桥直街的河岸旁，已是一幅忙碌热闹的景象。商贩们早早地摆放好自己的货物，小心翼翼地整理着货物陈列，吆喝声此起彼伏。买家们涌入集市，纷纷在摊位前停下脚步，带着期待和兴奋，寻找那些令他们心动不已的商品。孩子们跑来跑去，在集市上尽情玩耍和探索新奇事物。笑声与欢呼声填满了整个水巷。黛青的屋面、斑驳的白墙、星点的灯光、朦胧的水汽与熙熙攘攘的人群相互交织，如同一幅绚丽多彩的画卷正徐徐展开。乌篷船穿梭在碧绿清澈的河面上，形成了一个独特而迷人的水上市场。

这样的场景，对绍兴来说，太熟悉，又太陌生了。水乡集市曾是许多绍兴人心中不可磨灭的记忆，而在今天却少有人能再见到这"遗失的美好"。"人家尽枕河"间或证明了绍兴河道曾经多么繁盛喧嚣，而这已成为了"过去完成时"中那些不可再见的风景。现代外地人选择住在河边，享受远离城市喧嚣的休闲宁逸。与过去相对，这似乎是一种倒置。

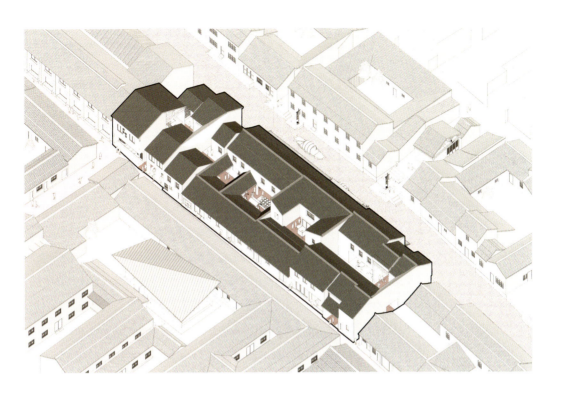

空间与
时间

月洞阆

时间 ○ 泼墨社区艺术节，2041 年　　　　天气 ○ 晴
音效 ○ 相机快门声、艺术家叫卖和表演声

漫步于幽静的开元弄内，偶然瞥见一扇月洞门，门上题有"义和园"。一门之隔，犹如"时空"穿越，外侧是安静清闲的开元巷弄，内部却蕴藏丰溢活力引人入胜。月洞门以其饱满丰盈的圆形轮廓，作为一种留白框出了一个个虚实掩映、动静结合的城市片段：各种运动、交融与差异。使人不禁想拿出相机定格此情此景。

带着惊喜和期待的心情跨入月洞门，两侧满墙的海报映入眼帘，原来正逢泼墨社区艺术节。在这里，人人都是艺术家。艺术作品可以是抽象提炼的泼墨山水画，也可以是日常生活中的藤编座椅。视线随着爆炸的艺术信息流动，随之停留在了一座稍稍向上延伸的艺术装置上。登临其上，所览瞰到的景致足够让人印象深刻，绵延无边的屋面肌理自有一种自然河湖的宁静。建筑已不再是空间的实体，而是时间的沉淀物，这也难怪会让每一个登临者由衷地生出"看不尽全"的感慨。

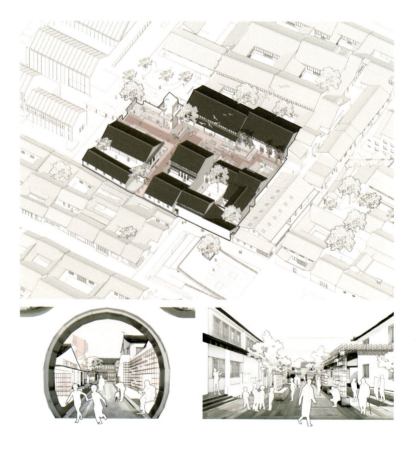

艺术家社区

时间 ○ 周末落日派对，2041 年　　　　**天气** ○ 晴
音效 ○ 爵士乐、舞步声和笑声

艺术家社区一期一会的周末落日派对准时开启，粉紫色的余晖撒向天空，笼罩着内街里的台门和不远处的徐渭艺术馆。伴随着响起的即兴爵士乐，身体不由自主地摇摆了起来，脑海中跳出了经典的话剧台词，"黄昏是我一天中视力最差的时候……"

艺术家们的入驻，让原本冷落的台门群落焕发了新生的面貌，"市集""艺术品""海报"并没有争先恐后地成为这次空间的主角。在这里历史的空间与当下的时间相互累积与叠加。艺术介入青藤街区，不仅仅是介入物质空间，更是和生活在这里的人发生联系。巷口咖啡馆、数字展厅、发布中心，跨界交叉的新兴艺术业态在青藤社区里孵化和成长，不管你是这儿的原住民、新的青藤社区主人，抑或是慕名而来的打卡者，都可以加入派对，以新的生活方式与这条老街巷产生交集。

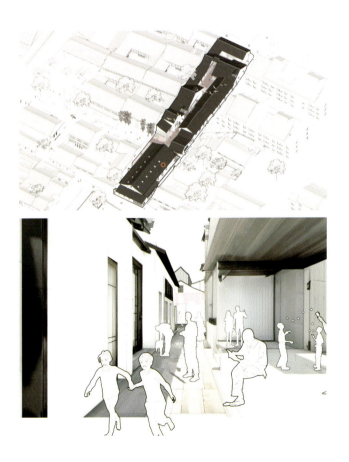

空间与
时间

共生苑

时间 ○ 初夏隅中，2041 年   **天气** ○ 微风
音效 ○ 孩童嬉闹声、虫鸣鸟叫声

这是一方小小的园子，一家名唤"漱藤"的茶馆在这里悄悄生了根。一进园，被儿童的嬉闹声吸引，顺着声音寻过去，会发现这里别有洞天。光影交错的建筑中庭将东西两个院落连接，变化的高差使得东西院落相互之间不至于一览无遗，同时又可丰富空间体验，人们会在上下之间获得一种身体参与的乐趣。初来这里，总会感觉这是一片年轻人的天地，有时尚的书店、西院的大屏幕、来回穿梭的中庭以及抽象古时假山的楼梯。然而熟悉了这里之后，会发现这也是周边居住的老人们的休憩纳凉之所，古井旁、雨廊下、树荫里都是唠家常的好去处。

如果酒壶的本质是"倾倒"，那么院落的本质就是汇融。众多相异的个体心灵汇聚于此，似乎在唤醒那尘封在"过去完成时"中久不再见的风景。"时间"与"空间"在迭代进化，这种唤醒亦无法成为"再现"，而是意义积累叠加过程中的"创造"。

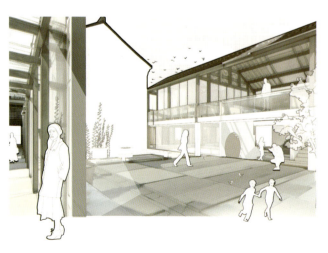

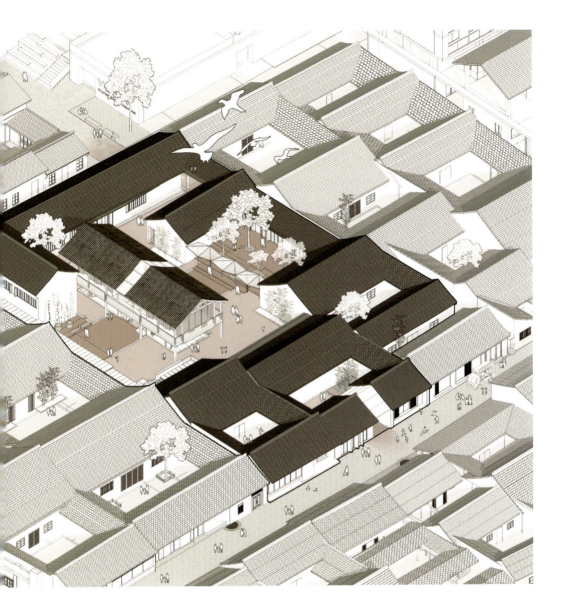

日常与盛景

巷口后观

时间 ◎ 艺术节开幕式前夕，2041 年　　天气 ◎ 微风
音效 ◎ 相机快门声、嬉笑交谈声、吆喝声

漫步于解放路上，远远地就能看到后观巷口的藤艺馆外立面上，张贴着巨大的艺术节海报，提示着行人青藤街区中即将上演的艺术节，让人不由自主加快了脚步，准备近前看个究竟。到达巷口，能够看到这里艺术馆、咖啡厅、手工艺体验店等鳞次栉比，三三两两的游客结伴，或是在藤艺馆中观赏青年书画家们的新作品，或是在藤空间中买杯咖啡小坐，抑或是在创意社区的庭院里晒会儿太阳发会儿呆。巷口不间断的吸纳着来自四面八方的人群，游人如织。若是多年未归的绍兴游子来到这后观巷口，一定会感叹时间的魔力，这曾经商业惨淡、鲜有人问津的后观巷口如今却成为了青藤文化、绍兴文化的展示窗口。

在这真实又巨大的情景切换中，让人振奋的或许不是"换了人间"的奇异景观，而是其中蕴含的古今攸同的生命力，即使切换到一个完全不同的世界，依旧可以不管不顾地勃发着。青藤的前世今生与将来，待君后观……

观灯乐行

时间 ◎ 上元佳节的傍晚，2041 年　　天气 ◎ 晴
音效 ◎ 锣鼓声、人群欢呼声与嬉闹声

绍兴灯景，由来已久，如今的灯会在昔日传统的基础上增添了许多新意。艺术家们、科技爱好者们、孩童们都可以参与其中创作。形态各异的灯笼早已脱离旧有的形制，有写意的、有拟形的，甚至有将一片山水搬到空中的；也有可悬浮移动的，可播放声音、投影画面的；亦有小朋友将喜爱的动画人物描绘其上。除了赏灯，舞游龙、赛雄狮也是必备的热闹节目，后观巷内围绕着游龙队伍，锣鼓声交错，到处有人簇拥着一起观看表演。有些人不习惯街上簇拥热闹的氛围，选择提前坐在巷侧的咖啡馆、酒吧里等待游龙的队伍，亦不失为一次独特绝佳的灯会体验。长长的游龙队伍在后观巷留下痕迹，似乎在唤醒百年前同样在这里流淌的后观河的记忆。

"从巷口回视巷内，复叠堆垛，鲜妍飘洒，亦足动人。"个体日常的堆叠造就了上元灯会盛景。这种个体与群体、日常与盛景之间的灵活切换恰是城市迷人生动的地方。

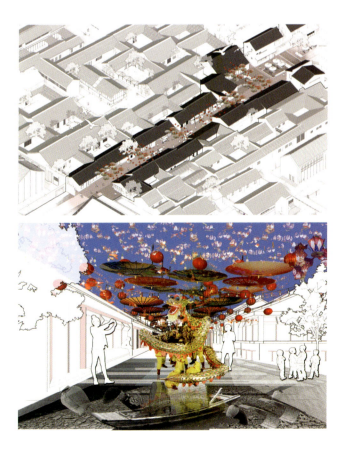

日常与盛景

群众艺术街区

时间 ◎ "越韵雅集" 活动进行时，2041 年　　天气 ◎ 晴
音效 ◎ 曲艺声、讲解声、交流声

青藤街区的东北角，"绍兴非物质文化遗产馆"这个重要的文化建筑曾在岁月的洗礼打磨下失去了它应有的风采，缩居一角，鲜有人知。但它如今已经脱胎换骨，成为了焕然一新的群众艺术馆，它不仅面貌变了，曾经只能在馆内举行的活动如今也可以在艺术街区上、大平台上进行展演，真正走进了群众的日常生活。平台上，绍兴的非遗传人正在向游客和居民讲解非遗知识，面塑、剪纸、陶艺、曲艺……展现着绍兴灿烂的精神文明和深厚的历史底蕴。

从活动平台上向西看去，艺术家社区里也热闹非凡，一侧的台门建筑里入住的是来自各地的优秀艺术家们，白天他们会将沿街的艺术工作室对外开放。随意走进一家，就能与他们新奇的脑洞、大胆的涂鸦不期而遇。街区的另一侧，红色的锈钢板颜色十分引人注目，一直延伸至公寓的屋顶花园。红色的表皮下，是一间间青少年、老年活动室，还有供来往行人停留休憩的灰空间，这给街区对面鲁迅小学的学生和家长提供了极大的便利。这条鲜艳的红为街区带来了活力与激情，也总让街区内的老住户们在不经意间想到后观巷上那幢已经消失的"大红楼"。"大红楼"青藤舞厅曾经承载着街区内中老年人的娱乐生活，还有前观巷那处已消失的市青少年活动中心，同样承载着万千绍兴人少儿时的欢乐，它们并没有消失，而是转译为另外一种形式融合在了如今这条艺术街区里，作为集体记忆继续传承延续下去……

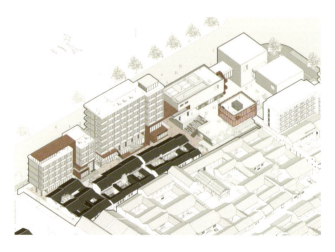

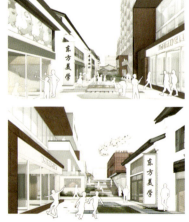

社区客厅

时间 ◎ 周末的午后，2041 年　　　天气 ◎ 晴
音效 ◎ 翻书声、交谈声、快门声

后观巷入口的北侧组团，曾经封闭萧条，但宝贵的是内部庭院的尺度相对宜人。如今庭院得到了进一步的改善和优化，成为了欢迎游客进入的社区客厅。无论是想要歇脚的游客，还是楼上住宅和公寓的居民，都可以便捷地来到庭院的中心建筑"咖啡书吧"中坐一坐，一杯咖啡就可以享受一整个午后的惬意。喝过咖啡，可以顺着二层的平台游览这里的文创商店和手工作坊，也可以通过平台去北边的群众艺术街区闲逛。庭院内的座椅上坐着三两游客和社区居民，这里成了游客和居民们晒着太阳攀谈的最佳场地。

随着太阳西斜，游客逐渐散去，傍晚的社区客厅是久居于此的人们的日常之所。相比于那些吸引外来客的胜迹，城中与黎庶生活交融的寻常风景才是绍兴古城真正的主题。

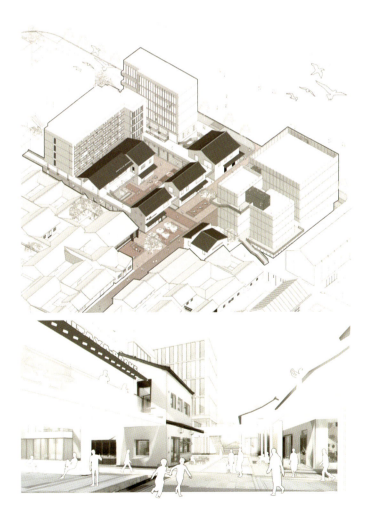

日常与
盛景

青藤广场

时间 ○ 艺术节开幕式，2041 年　　　**天气** ○ 微风
音效 ○ 悠扬的提琴声、不时的交谈声（微弱）、路
过的脚步声

徐行至大乘弄的尽头，映入眼帘的是如泼墨山水的徐渭艺术馆及青藤广场。
青藤广场连接了青藤书屋与徐渭艺术馆，也连接了生活与艺术，过去与未来。
老机床厂的外墙，窄窄的里弄，似乎都在诉说着过去这里曾发生的故事，曾
经的红楼歌舞厅如今也演变成为了现代广场。

今天，青藤广场上举办着艺术节的开幕式，微风配合着悠扬的提琴声仿佛梦
里的场景，艺术品与艺术表演在这里交替展出与上演，让整片天地都笼罩着
艺术氛围。当然这里也少不了围观的人们，接受着艺术的熏陶。与艺术盛
会不同，青藤广场也与周边居民的日常交融在一起，每天都在上演着不同的
故事：或是三两孩童在广场上追逐嬉笑，或是情侣依偎在台阶上欣赏古城落
日余晖，或是阿姨们跳起时下最流行的广场舞⋯⋯曾经红楼歌舞厅封闭的、
个体的感知如今升华为开放的、公共的城市体验，成为社区里的公共艺术空
间，为这片天地注入新的活力，掀起屋角，又见青藤。

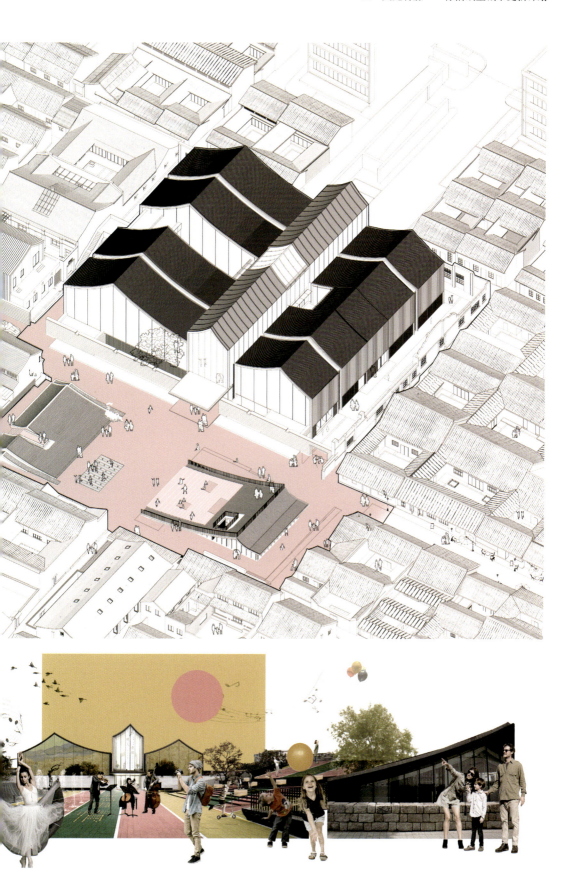

当我们置身于青藤片区，
最重要的不是获得一幅完整静止的全景图像，
而是去感知在汹涌而过的变化中闪现的生活本身，
这足够令人感动。

"回到生活世界"就是去关注"故事"，
而故事就是"生命力"的历史。
这不仅牵扯着历史文化名城背后
可被精准量化的物理基础，
还调动着旧日的写意笔墨与无尽想象。

PART 4
实践

尘封于旧日与传说的历史，
现实矛盾与期许裹挟的当下，
虚幻描述与编织中的未来，
人们身处在多维碰撞与交错形成的现世中，
"回归生活世界"是在此时此地最本源的回答。
以一方真实的基地为起点，
建筑师该如何在定格一瞬的空间中，
激荡起人们意向中的画面？
"藤空间"究竟意趣几何？

实践源起

一座"清咖茶酒"的艺术馆

如果咖啡传递着现代生活的浪漫，围炉茶酒则映衬着诸多绍兴故里的人文故事。

在"藤"的机缘下，艺术浅意地将两者共置在一起，成为"前者后观"与"后者前察"的平台，让都市情景隐匿于旧日故里之中，让历史文本显露于现代城市之间，彼此互换着新鲜的"氧气"与活力。顺青藤而上，日升日落，于后观世界，生活实践……"藤空间"便为此而来。

绍兴产茶历史悠久，绍兴茶据史料记载，始于汉（古人称之为"大茗"），兴于魏晋南北朝，盛于唐，旺于宋元，明清时期更是越茶行天下。唐代陆羽是中国的"茶圣"，他多次到越州考察，在《茶经》中盛赞，"茶，越州上""碗，越州上""越瓷青而茶色绿"。到了宋代，会稽山日铸茶名扬天下，与城内卧龙山所产龙山瑞草并驾齐驱。历史上绍兴曾被称为中国的"茶都"，绍兴茶叶历史丰富，文化内涵深厚。

徐渭书《煎茶七类》

至仓桥直街

徐渭艺术馆

后观巷 No.12

TENG SPACE

开元弄

陈氏民居

姚氏民居

青藤书屋

陈家台门

大乘弄

至乌蓬船码头

前观巷

凌家台门　张家台门　　绍兴师爷馆
（太平天国壁画）

概念策略

TENG SPACE

"又见青藤"是"藤空间"最初的立意。"青藤文化"发生于徐渭与他的青藤书屋，又在无数"青藤画派"门人的追溯中不断叠加，充实着这片故里的"青藤故事"。因此，本项目"以藤为名"，承载了最初的设计理念。项目围绕着交通空间设计了一个特殊的异形装置——一条盘旋而上的"绿藤"，以此给观者提供一个更开阔朝向徐渭艺术馆的视野平台。当人们顺着台阶，与青藤一同生长，在滞足转折之间，如书法笔画般的空间流转牵引着观者的情绪，引导人们驻足在最终的框景，想象着旧日与现实的对白。

SPACE 1：艺术空间

"茶与艺术的主空间"是提供给三五好友聚会畅谈的场地，现代性的金属材质与旧物件的艺术装置在此碰撞，人们在此高谈阔论，学术研讨，快意交流，是艺术的写意与留白；

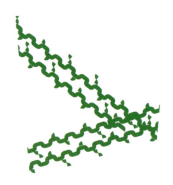

SPACE 2：私享小屋

当人们步入庭院之中，便可在"私享空间"获得独处，此处是"藤文化"的冥想空间，光与影的镜面倒映着遥远的意象与后观的市井百态。

SPACE 3：艺术酒吧

当人们寻觅天光，便可发现一处艺术酒吧，爱人们在此一览徐渭故里之全貌，这份全景图像冲击着他们彼此的感官，让他们重温旧日生活的回忆与感动，去倾诉现在与未来。

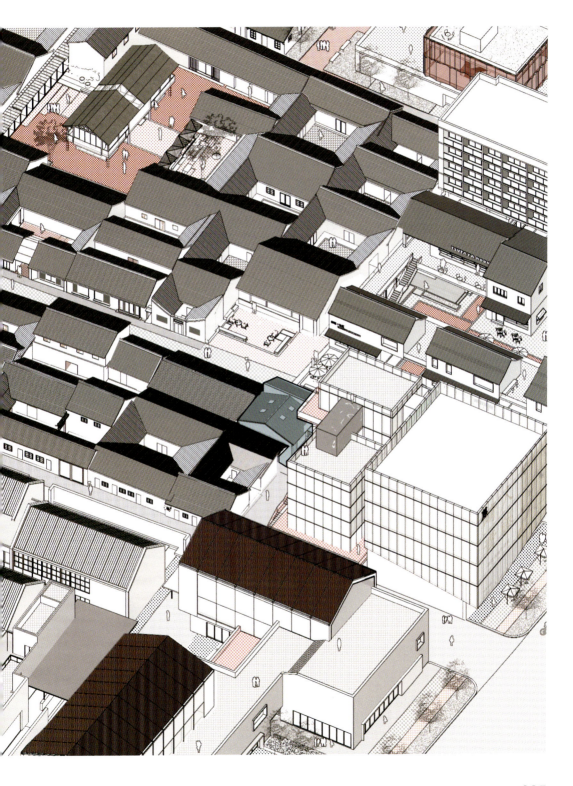

设计效果

1　入口玄关
2　操作运营
3　茶 & 艺术
4　私享空间
5　室外庭院
6　工作间
7　卫生间
8　储藏间

让建筑回归生活世界

"藤空间"作为徐渭故里与城市街区的承接点，是现代空间在历史语境下的
一种形式应答，同时作为 ACRC 的自主项目，也是其在城市更新之中的一
种建筑初探。随着"青藤街区综合保护和更新改造课题"的不断深入，社会、
经济、历史人文所显现的复合矛盾伴随着空间改造逐渐呈现，建筑师需要在

此之中不断思考，如何去回应"持续叠加下的城市历史文本"与"多元变化中的现代社会环境"的平衡与动态问题。在这种动态再生的探索过程中，跨越时间维度"回归日常生活"，以此时此地的日常，去与历史文本交错相织，或许亦是对未来场景的一种可能性解答。

"藤空间"的改造是

"又见青藤"计划中标志性的节点，

同时是徐渭故里城市更新的初始实践。

在数以百计的传统风貌民居当中，

以生活供需，艺术文化，街区特质三者为代表的

信息交织，成为建筑如何构筑起客观"容器"

去承载这些杂糅问题与矛盾的难题。

"藤空间"仅仅作为一个转折与契机，

希望能引发更多有效的"自主实践"，

切实地让建筑回归生活日常，

让历史与现代恰当地衔接。

未来,

我们再见青藤,不只青藤。

未完待续......

附录一

人物采访

远观从古，近观从现
——胡慧峰采访 *

徐渭艺术馆并不临街，位于老城区青藤片区的内部，需要从城市街道徒步穿过小巷和居民区走进，抵达艺术馆前的青藤广场，从街巷的小尺度转变为开阔的大尺度，广场上有人停留，有小朋友玩耍，整个体验感如同走进了绍兴人的家庭社区中。当我站在广场上的最高点处，艺术馆的坡屋顶和周边连成一片，中间的玻璃通廊通体发光，立即产生一种既和谐又亮眼的视觉感受。在艺术馆对面，与项目的主创建筑师浙大院 ACRC 胡慧峰对话，知晓了整个项目幕后"又见青藤"研究工作，深入探讨了面临古城建筑产生的"远观从古，近观从现"的设计方法。新颖和出挑的建筑造型不是建筑创新的唯一解，从妥协中较劲也是建筑师给出的创新答案。

韩爽（ArchDaily）　徐渭艺术馆，如何通过建筑设计写徐渭的个人故事？个体叙事和城市空间之间如何融合？

胡慧峰（浙大院 ACRC)　设计最开始想到的问题是，建筑是属于政府的还是属于社区的。徐渭本身的人物特点是平民化的，他出生在平民的片区，拥有平民的故事。因此，我们觉得这个单体应该是一个社区的中心，可以和周边居民建立良好的关系。

场地原本是一个 20 世纪 50 年代的机床厂，老建筑有标准的结构逻辑。当初考虑可以将机床厂改造为艺术馆，后来，因为时间和资金有限，还是选择了新建。机床厂南侧是一栋五层高的红色建筑，当地居民称之为"青藤舞厅"，和古城风貌略显违和，八九十年代有很多人在这跳舞，是过去的社交场所。因此，我们将舞厅拆除，做一

---

*　本文原载于建日筑闻公众号，2021 年 12 月 30 日。
　　策划、编辑：韩爽 /ArchDaily 中国区主编。
　　https://mp.weixin.qq.com/s/3dt5bzJgKeJCiw3t5M_Uvw。

个适当尺度的广场，但如果是一个纯硬铺的广场，过于枯燥；如果太过于形式，和徐渭的东方艺术家气质不符。最后，抛开了艺术家的个人特性，从东方艺术的本体出发，将广场作为建筑的背景，可理解为中国画，在宣纸和水墨中表达有形和无形。

在绍兴做建筑挺难的，尤其要做一个本可以独特或当代化的公共建筑。绍兴是我认为中国保持历史风貌最好的城市之一，绍兴人对于传统形式和风貌有很苛刻的要求。因此，我们开始探索"远观从古，近观从现"的设计问题——历史语境下的现代性，要做一个当地人看得懂的，又不是纯古建形式的建筑；从文脉出发，从绍兴城市风貌出发，从绍兴人可以认同的传统文化出发，然后到建筑师想表达的理念。

韩爽　也就是说"尊重场所精神并不表示抄袭旧的模式，而是意味着肯定场所的认同并以新的方式加以诠释。"您如何解释场所认同和新方法？建筑的生成逻辑是什么？

胡慧峰　我们认为当代的生活方式就应该用当代的方式表达，这听起来很矛盾的理念，其实可以翻译为以温和的、不那么强烈的对比方式来实现现代性。因此自然地，建筑形态就采用了坡屋顶，我们也曾试图不去做坡屋顶，但几乎都被否认了，绍兴人民对既有建筑的一砖一瓦的理解太根深蒂固了。有人问我怎么总是做坡屋顶，因为不是坡屋顶的方案未曾被通过过。但是，对于每一个设计的坡屋顶，我们都在寻求着变化。比如绍兴饭店的屋顶，二层我们用钢管，与小青瓦的尺度相同，颜色也很相似，从远处看屋面还是小青瓦，近看已经是现代钢结构采光玻璃顶。

场地原址的机床厂是 20 世纪 50 年代的五进桁架结构，我们沿用了旧有的空间关系。水平面宽展开三跨，形成三个人字坡屋顶，中间的人字坡成为公共通廊，前后都是玻璃幕墙，玻璃的尺度最高达 13 米，完全是现代性的手法，有实有虚。通透的感觉如同城市的一根管道，与城市的关系是完全开放的、包容的，在保证风貌的同时寻找建筑自身的建造逻辑。

韩爽　　您提到最大的矛盾是大众对建筑的根深蒂固的印象，他们觉得建筑的表达是形式的表达，因此坚持坡屋顶，以及黑白灰，但是从设计角度出发，建筑是空间的表达，您如何看待二者之间的度？

胡慧峰　在大众的观点中，他们不会去深究专业的东西，不关心空间的形制，他们是十分感官的，只要给我黑色屋面和白色墙体就可以。这种纯视觉的需求反而给我们带来机会，黑色屋面还是黑色的，但我们会换另外一种瓦的形式，白色墙面还是白色的，但我们会使用白色的花岗岩。徐渭是一个泼墨画家，墙面是纯手工打造的大剁斧肌理，块与块之间都是连续且整体的，而不是机械生产的那种模块化，从而表达一点山水意象在里面。我们的理念是解构多种元素，再通过"蒙太奇"重组，这里就有"专业"的机会。大众的认知是表象，但我们知道空间组织的根由，可以通过解构和重组的专业手法呈现出属于绍兴的建筑。既然无法逃脱坡屋面，那就顺势当代化吧，未尝不可。

韩爽　　在单体建筑之外，做了青藤广场，为什么坚持在艺术馆前做景观，这样的营造会增加怎样的场所氛围感？

胡慧峰　我们希望建筑的理念可以延续到广场上，也是有实有虚的空间关系。一个坡是纯地景的，另一个坡下沉一米是个游客中心，屋面和广场，成为一个社区的日常空间。我觉得广场的价值是融入社区的规划和融入居民的生活，它远远大于一个单体建筑的价值。建造一个纪念馆不仅仅为了文化宣传，更重要的是提供一个休闲场所。居民可以汇聚在广场上，坐在台阶上闲聊、跳广场舞、晒太阳，这种场景特别棒，这才是一个建筑真正的需要。社区的场景感、生活感、融入度和接受度都是相当好的。

融入城市肌理比单体本身更有价值。建筑物不能说非常惊艳，只能说找到了恰当的表达方式。我自己的评价是"建筑是比较妥当的，建筑和广场给城市带来的空间，是精彩的。"

韩爽　　建筑保留了老墙面，这种工业感和古城氛围没有冲突吗？

胡慧峰　老机床厂于 20 世纪 50 年代初建，六七十年代加工，经历了好几次扩建，整个建筑内有三四个年代痕迹在里面，也是整个城市的一部分，我有强烈的愿望将其保留下来。但后来因为工期和造价问题，只能保留部分表皮，当你从艺术馆很现代的建筑中出来，看到爬满紫藤的旧墙体，和新建筑产生冲撞关系，会有温暖的感觉，硬与软之间的对比。

还有一个重要的原因，建筑北侧和东侧有两条弄堂，绍兴老城风貌十分讲究空间的尺度，因为保留了墙体，所以弄堂的尺度被保留了，周边的居民开门后不是直接对着公共建筑，十分开心。后来遇到绍兴人，他说很惊喜看到小时候的空间还在，让我觉得这是一个对的决定。

韩爽　　您一直都在强调场所感的营造，您觉得如何通过设计语言来表达？

胡慧峰　建筑师不能只做物理层面上看得见的建筑，把看不见的也同时做了，才能构成真正的场所。和绘画一样，看得见的是一棵树上站着一只鸟，把留白加进去才是一幅画。

我认为建筑设计应该是虚实同时设计，建筑、室内、景观不会分开。场所包含历史感、生活方式等，比建筑空间设计有更多的"料"。在场所中，硬的建筑、软的草皮，哪怕是一片飘动的叶子，全是场景。我们不只讲所谓的建筑，我们讲的应该是建筑师眼里以外的东西，哪怕是老百姓在里弄里挂年货，也是我们要去关心的，这是我们建筑师的思考所在。只有深刻理解生活方式了，才能做出场所感，而不是纯建筑。

韩爽　　根据一个项目，向周边区域发散，对周边居民和空间做了详细的田野调查，产生了"又见青藤"城市设计项目，为什么要主动增加工作？

胡慧峰　　作为建筑师，不能只在建筑红线内做设计。我们还要想办法让游客和其他片区的人进入整个社区中，去设想进入的过程中，沿途的风景和场景，从主干道进来后有没有分支，还是从巷子里进来。出于这个目的，我们自发性地调研了整个片区，挨家挨户地去访问和测绘，了解每一个台门（绍兴当地地域性特色的居住建筑）的历史和典故，了解每一家的生活方式。我们希望从中总结过去的生活，然后建立新的模式，引领新的生活方式。

当游客来到青藤片区，不仅只看徐渭艺术馆，而是在整个片区感受到以片区为主的艺术特色，把徐渭主题蔓延开来。我们想形成一个城市设计成果，给政府和文旅集团接下来的开发一个建议，而不是盲目开发，丢掉了古城本来的故事。

韩爽　　目前还在做蔡元培纪念馆和王阳明纪念馆，同样是名人纪念馆，有什么设计上的不同吗？

胡慧峰　　第一区别还是本体不同，由此表现也就不同。蔡元培是近代人物，因此表达会更加平民化一点，不能用宏大的方式去叙述表达，也不能用徐渭这种留白艺术化的叙事方法。

第二是具体的环境不同。蔡元培纪念馆东侧是故居，背后是故里，另一侧是城市主干道，会有一个从开放到封闭的状态。蔡元培纪念馆最大的问题就是尺度问题，如何从城市尺度慢慢过渡到里弄尺度。紧挨着故居建造纪念馆，我们设计了一片长十几米的镜面玻璃，让老房子映射，玻璃没有框，从纪念馆室内看过去，故居的立面得以完美呈现。中间的水面和侧面弄堂开了个豁口，可以在豁口的平台上感受故居和纪念馆之间的关系，远处是文笔塔，远中近景、新旧之间都产生了对话，把故居也纳入纪念馆的场景之中。

王阳明纪念馆，建筑有限高 6 米的要求，周边是完整的故居废墟的场景，只剩下一个石牌坊的片段，之后故居是要复原的。从码头上岸，有个王明阳之前讲心学的亭子，场地本身非常有场所感，因此，我们决定把纪念馆当作一个配角，是整个场景中的一个节点，但是是一个重要的节点。

我们对每个项目都非常关注景观的设计与表达，追求不一样的园林设计。绍兴园林有非常重要的特质，彰显朴素干练精要的园林方式，因此，每个项目都在做小而精的园林。

韩爽　　做代表绍兴文化的项目，面临的难题是什么？

胡慧峰　　看得见的是技术问题，看不见的是形态问题。我现在每天的心态是诚惶诚恐的，明年王阳明故居和纪念馆建造完成，要接受绍兴人民的检验了，绍兴的文化认同感太强了。舆论本身就是一种文化，如果舆论不认同，就是失败的。我们等待检验这种设计方法。

建筑评论

社区中的公共艺术:
徐渭艺术馆 *

设计者

胡慧峰　浙江大学建筑设计研究院有限公司
　　　　　总建筑师,建筑创作研究中心主任

点评嘉宾

凌克戈　上海都设营造建筑设计事务所有限
　　　　　公司总建筑师

韩冬青　全国工程勘察设计大师,东南大学
　　　　　建筑设计研究院有限公司首席总建
　　　　　筑师,东南大学建筑学院教授

范文兵　上海交通大学设计学院教授,思作
　　　　　设计工作室主持建筑师

费移山　东南大学建筑设计与理论研究中心
　　　　　讲师

* 本文原载于《当代建筑》,2023 年第 8 期,第 114—120 页。

胡慧峰　徐渭艺术馆原址为二十世纪五六十年代的机床厂,其巨大的体量存在于徐渭故里的片区是显然突兀的。因此,通过置入徐渭人物的艺术特色改造机床厂,对绍兴文旅发展是非常有必要的。

项目面对的难题:①设计施工的周期只有 6 个月,因此方案选择简练、妥帖的语言营造属于片区的、老百姓的艺术馆;②如何运用现代性的语言表达传统风貌。

空间和城市的关系远远大于建筑单体存在的意义,使建筑空间融入城市是设计的首要目标。艺术馆设计既要和民居坡屋面形态尺度相呼应,又要提供现代旅游业发展所需要的集散空间。设计团队打通徐渭故里片区从南北贯穿的通道,让徐渭艺术馆南可见青藤书屋,北可见人民路,追求过去和现在的景象存在于一个空间中,不刻意回避当代肌理或生活方式对传统建筑的影响;通过背景化的手法,让艺术馆具有隐喻、象征意义,如外立面花岗岩通过人工雕琢及山水意象,既隐含了泼墨画的随意感,又表达了江南山水的韵味。

设计不能拘泥于过去,也不能过度夸大现在,两者平衡恰好。老机床厂布局规整,可见"五进三跨"的空间肌理。多重进深的厂房中藏有院子,院中有两棵老树,让人感受到强烈的生命力;光线透过老厂房破碎的屋面洒向室内,使厂房独具魅力。

传统意象给设计团队提供了非常明确的建构语言。设计团队将建筑表达概括为"乌片如墨,顶地同泼"八个字。对江南民居片区改造首先设计团队要保留白墙黑顶,在此基础上进行了现代建构的探索,适度放大坡屋面的建筑体量。因此,设计从方案创作、体量建构到施工图绘制,再到材料尺度的控制,均配合合理的建筑语言,并使其融合在老片区中。例如:前广场部分下挖,与部分翘起的空间形成对比关系。从视觉上减弱艺术馆坡屋面的体量;屋面运用深色的泰兴板,因为泰兴板随着时间的变化会产生氧化,能模仿瓦屋面随时间变化由纯黑色慢慢变灰色的感觉。

当然,设计还存在很多不足:①展厅"五进三跨"的建筑逻辑性略强,自由、放松的氛围感稍显不足;②从施工工艺上来说,室内外材质可更具统一性,如墙面内表皮因为加固被遮掩了太多,后期用植物盖住了加固和粉刷的痕迹。

¶

韩东青　徐渭艺术馆在建造技术上解决了传统和现代融合的创作难题。徐渭艺术馆是带有社区性的艺术馆，虽然它有特定的人物和主题，但展示并不是其唯一的目的，它还要成为当地居民文化生活的组成部分。从空间语言上来讲，室内空间布局采用了简洁的"十字结构"，围绕公共空间设计垂直方向的庭院，划分了四个象限，紧凑地处理服务空间，使展示空间最大化；室外公共空间采用线性构造，营造了江南河道的空间意象，符合绍兴作为水乡的城市特点。

但有一个景象引起了我的注意，从纵贯建筑长轴空间的端头望向青藤书院，能看到大部分建筑檐口对着广场，在江南传统城镇里，建筑的檐口和山墙的方位是有一定规则的，而徐渭艺术馆的山墙方向和片区内大部分居民的檐墙方向是垂直的。设计师是有意表现这种反差，加强了建筑山墙的轮廓形态吗？

¶

胡慧峰　这么处理是刻意为之，出于留白的目的。建筑正立面朝南，如果和原有肌理保持一致，留白的空间会相对较少。正立面留白有两个优势：①能够表达像"宣纸"一样的肌理效果；②建筑体量会显得更轻盈，如果坡立面留在更适合远观的东西向，那么，它与传统民居的尺度会被消融。我希望它既是传统的，又是被现代重构的。绍兴片区的绝大部分建筑是顺着南北向布置的，但是也有一些建筑檐墙与河道垂直。若将后观巷理解为无形的线性河道，那么街和建筑之间的垂直关系也是合理的。当然，这么处理也会让公共建筑和传统民居之间产生差异性。

¶

范文兵　虽然设计概念偏强硬，但是这种处理方式在方案决策中起到了极大的作用，它能让决策者清晰地做出判断。这座建筑与城市的关系不仅体现在形式风格上，还体现在对街巷、视觉和居民生活方式上的考量，甚至包括逐步向周边片区进行改建的互动过程。我很认可建筑与城市的这种关系，即采用超越形式和风格的处理手法，让建筑与当地日常生活产生关联。我有三个质疑：①广场旁原有舞厅拆掉后，你预期前往广场的人群是游客还是居民？②具有历史意义传承的旧厂房在设计中变成了围墙，在您的设计逻辑中，其存在感很弱，游客很难感知到新建筑和老厂房之间的对话关系，新建筑与老厂房之间的联系是否不够紧密；③

您是从构图和尺度关系两方面来控制肋条数量的，从结构计算角度来看并不需要那么多肋条，那么结构的诚实度和装饰呈现之间的度该如何把握？

¶

胡慧峰　在设计过程中，我们思考过这三个问题。面对第一个问题，我们鼓励本地居民到广场上活动，不仅仅局限于游客群体。因此，广场尺度设计考虑了旅游旺季会涌现大量人群，以及举办一些大型艺术活动等情况。

面对第二个问题，我认为建筑群中还是存在老厂房的影子的，只是不易被看见。例如：现在"五进"院落的建筑是参照原厂房设计的，现在的内庭院也基本与原庭院的位置相吻合。

面对第三个问题，我认为把结构和建筑的一体化设计做到极致是很困难的。例如：为了安装空调，我们不得不在在两个展厅之间的石墙内，用空腔的方式设置空调管井；二楼展厅要尽可能地维持原先的坡屋面，但是需要设置喷淋、烟感装置和电线等设备，不得不在结构上附着薄的吊顶来遮挡设备。

¶

费移山　徐渭艺术馆放在绍兴形成了非常具体的回应，给出了很多具体的、在地的、回归日常生活的解释，与城市建立了很好的呼应关系。

参观之初，我没有将青藤广场和徐渭艺术馆联系到一起，青藤广场给我留下很深的印象：在老历史街区中的地景式坡屋顶建筑，创造出一个公共场所。其后侧的徐渭艺术馆则是展示了特定艺术家在中国文化和艺术历史上特定的地位和印记。

我认为建筑回应社区和场所的方法相对明确，但是回应徐渭这位才子的方法是有很多可能性的，而且指向也比较模糊。艺术馆给人明朗、开敞的感觉，且与社区在视线上、行为上有很好的连接，但徐渭艺术家生前命运多舛，我想知道艺术家的个人经历和空间表达存在那些关联？

¶

胡慧峰　建筑设计中的转译是最难的。面对如何将徐渭的人物形象转译成建筑语言这一问题，我选择回避具象化和过度人物化的主题的方式来回答。例如："泼墨宣纸"恰恰是对徐渭特有形象的意象提炼。设计之初，绍兴市文化广电旅游局给出重要指向：希望徐渭艺术馆可以成为承载传统艺术的展览馆，希望未来中国年轻一代的传统文化艺术家可以不定期在这里举行展览。

此外，我回避了过于具有指向性的设计，避免空间过于单一。我不希望人们将注意力集中在如何解读徐渭个人形象上，而是将其理解为一个可容纳多种艺术的容器。我们团队运用中国艺术中"计白当黑"的策略，给未来留下更多的可能性。

¶

凌克戈　中国建筑师一直陷入对传统文化不依不舍的状态中，既要向现代的方向努力，但又放不下原来的建筑符号。随着技术和经济的发展，设计可以通过技术抽象表达传统符号，但是我们为什么要选择这种折中方式，而不是仿古手法或对比手法进行设计呢？

一般来说，大项目在空间上会处理得简单一点，但小项目往往流线复杂、空间丰富，希望游客能够多逛一逛。这个项目设计得非常直接，中间是河一样的空间并没有拐弯，两边是房子；虽然项目用地紧张，但是设计在周边留了一些空地，把建筑的外表皮和内部空间都做得很平，让人进来就一目了然，虽然这样做效率特别高，但是空间层次感会稍微有所欠缺。

¶

范文兵　中国建筑师对现代手法与传统风格的问题争论了很长时间，但是所谓的具象复古建筑一直没有消失，这说明这类建筑在中国的设计市场中有巨大的需求量。我们到底是要对现实进行判断，还是将其作为需要解决的问题？我们有没有可能在中国人对传统风格的执念中找到创新点？这个项目存在很多限制情况，但是我认为目前的处理方式值得商榷：第一，项目中屋顶的曲线是通过钢结构建造出来的，而传统建筑的曲线是运用小斗拱建造出来的，这令我产生了疑惑，究竟是尊重材料的诚实性，还是尊重建造的诚实性；第二，项目的空间结构异常清晰——"十"字形结构附加四个空间缺少了近人尺度的空间趣味。

¶

费移山　　中国建筑本身是通过结构形成立面，不存在对立面的讨论。如果这样讲的话，中国建筑里也不存在风格问题，但是在中国的当代建筑中，风格又是很重要的设计内容。这与中国建筑的身份焦虑有关系，我们在建立身份的过程中，风格就成为一个需要面对的重要问题。在建筑学的学术讨论中，学者们特别关注材料、建构等，以及建筑与城市、社区和日常生活的关系，很少从风格、样式的角度介入，但在实际操作过程中，对风格样式的谈论又不可回避。

¶

韩冬青　　现在中国的建筑师缺少对城市的解读，能否妥帖处理建筑与城市的关系在很大程度上受知识体系的控制。我有两点建议：

第一，作为在绍兴连续工作多年的建筑师，我希望胡总能系统地阐述如何理解参考绍兴城市背景下的具体建造和设计行为。不管是经验，还是教训，我认为都是非常有价值的。

第二，我认为这个作品在徐渭这个特定人物的表达，以及其与社区的融合方面做了"不彻底的努力"。广场与具体的行为有关联，可以发生一些事件，也在空间上形成了多重的层次，但是它最终仅仅是作为重要的公共建筑而存在。我认为如果建筑的檐墙对着广场，建筑的姿态会更低，因为从檐墙进入建筑是非常自然的过程，而从山墙进入建筑则拉大了其与社区的距离。

现在的建筑与周边社区还有一些留白空间，也许将来这些留白空间能够更多地融入社区。江南水乡是强调街巷、水的线性空间，以及被新兴空间串联起来的生活场所，往往不太主张强化独立建筑物的存在感。社区内的建筑即使具有公共建筑属性，设计师还是会用民间的手法进行处理，让建筑与社区更加融合。

¶

致谢

感谢《又见青藤——徐渭故里城市更新与改造实践初探》一书撰写过程中，浙江大学建筑设计研究院建筑创作研究中心所有小伙伴的全力支持和大力协助。

特别要感谢的是蒋兰兰、赫英爽、蒋思成等的全情协助和不遗余力的帮忙。

感谢蒋兰兰、黄迪奇、高祥震、董青、陈赟强等在文字撰写过程中的协助。

感谢"又见青藤"城市设计计划的全体成员。

感谢青藤书屋周边综合保护工程的三大子项目：徐渭艺术馆及青藤广场；绍兴师爷馆及青藤书院、榴花斋、青藤别苑、张家台门四处老宅的更新与改造的所有工程设计、施工等的参与者，没有你们的职业精神和专业投入，不可能呈现出如此有影响力的项目成果。

还要感谢绍兴市委市政府，绍兴市文化旅游集团，以及所有相关部门的信任、支持和配合。

感谢浙江大学建筑设计研究院领导和上上下下各部门的支持与协作。

感谢浙江大学平衡建筑研究中心给予我的学术支撑和顾问。

感谢我的家人，特别是我的妻子，有你的默默支持和付出，才能让我忘情地投入。

再次感谢以下支持者：

"又见青藤"城市设计计划 ————

胡慧峰、蒋兰兰、赫英爽、蒋思成、陈赟强、李鹏飞、董青、高祥震、张簌、余舒烨、章晨帆、华同非、刘阳雪、岳晨曦、吴雪奕、彭尧

徐渭艺术馆及青藤广场 ————

主创建筑师： 胡慧峰

建筑设计： 胡慧峰、蒋兰兰、章晨帆、韩立帆、朱金运、李鹏飞

结构设计： 张杰、陈旭、吕君锋、丁子文、沈泽平、陈晓东

给排水设计： 易家松、邵煜然

暖通设计： 潘大红、李咏梅

电气设计： 张薇、俞良、杜枝枝

弱电设计： 林华、叶敏捷、杨国忠

景观设计： 吴维凌、王洁涛、吴敌、朱靖、敖丹丹、何颖、林腾

室内设计： 楚冉、刘婉琳、汪军政、梅文斌

展陈设计： 赵同庆、梁爽、陈伟、黄世琰、孙小童

照明设计： 王小冬、赵艳秋、傅东明、冯百乐、吴旭辉

幕墙设计： 史炯炯、王皆能、段羽壮、张杰

基坑围护： 徐铨彪、曾凯

BIM 设计： 张顺进、任伟、严宜涛、王启波

EPC： 房朝君、王青、苗赛、贝思伽、李延琦、李晨

雕塑设计： 天津美术学院谭勋

摄影师： 雷坛坛、贾方、章晨帆、蒋兰兰

委托方： 绍兴市文化旅游集团

施工方： 浙江勤业建工集团有限公司

合作方： 浙江星睿幕墙装饰工程有限公司、故宫出版社和广东集美设计工程有限公司联合体

绍兴师爷馆 ————

主创建筑师： 胡慧峰

建筑设计： 胡慧峰、黄迪奇、蒋兰兰、章晨帆、张帆

结构设计： 张杰、陈旭、陈晓东、吕君锋、丁子文、沈泽平

给排水设计： 易家松、邵煜然、蔡昂

暖通设计： 潘大红、李咏梅、孙义豪

电气设计： 张薇、俞良、杜枝枝

弱电设计： 林华、杨国忠、叶敏捷

景观设计： 吴维凌、王洁涛、章驰、吴敌、敖丹丹、徐非同、何颖

室内设计： 楚冉、刘婉琳、汪军政、梅文斌

展陈设计： 徐正野、吴曰芹、徐波、肖剑

照明设计： 王小冬、赵艳秋、傅东明、冯百乐、吴旭辉

幕墙设计： 史炯炯、王皆能、段羽壮、张杰

基坑围护： 徐铨彪、曾凯

BIM 设计： 张顺进、任伟、严宜涛、孙杭昱、

杜李兴

EPC：房朝君、王青、苗赛、贝思伽、李延琦、李晨

摄影师：赵强

委托方：绍兴市文化旅游集团

施工方：浙江勤业建工集团有限公司

合作方：浙江星睿幕墙装饰工程有限公司、杭州正野装饰设计公司

弱电设计：林华、叶敏捷、尚远卓

景观设计：吴维凌、何颖、朱靖、敖丹丹

室内设计：楚冉、刘婉琳、杨宏运

EPC：房朝君、王青、苗赛、贝思伽、李延琦、李晨

摄影师：赵强

委托方：绍兴市文化旅游集团

施工方：浙江勤业建工集团有限公司

青藤书院 ————————

主创建筑师：胡慧峰

建筑设计：胡慧峰、章晨帆、李鹏飞

文保建筑设计：刘国胜、周剑飞、王棣威

加固设计：王奇、钱涛

给排水设计：易家松、邵煜然

暖通设计：潘大红、李咏梅

电气设计：张薇

弱电设计：林华、叶敏捷、尚远卓

景观设计：吴维凌、章驰、徐非同

室内设计：楚冉、刘婉琳、梅文斌

EPC：房朝君、王青、苗赛、贝思伽、李延琦、李晨

摄影师：赵强

委托方：绍兴市文化旅游集团

施工方：浙江勤业建工集团有限公司

青藤别苑 ————————

主创建筑师：胡慧峰

建筑设计：胡慧峰、章晨帆、朱金运

文保建筑设计：刘国胜、周剑飞、王棣威

结构设计：张杰、丁子文、沈泽平

给排水设计：易家松、邵煜然

暖通设计：潘大红、李咏梅、常悦、毛希凯

电气设计：张薇

弱电设计：林华、袁骁男、李向群

景观设计：王洁涛、朱靖、敖丹丹、何颖

室内设计：楚冉、陈怡、刘婉琳

照明设计：王小冬、赵艳秋、邢嘉仪、付东明

幕墙设计：史炯炯、王皆能、张杰

EPC：王青、房朝君、贝思伽

摄影师：赵强

委托方：绍兴市文化旅游集团

施工方：浙江勤业建工集团有限公司

榴花斋 ————————

主创建筑师：胡慧峰

建筑设计：胡慧峰、章晨帆、李鹏飞

结构设计：张杰、凌佳燕

给排水设计：易家松、邵煜然

暖通设计：潘大红、李咏梅、常悦

电气设计：张薇

张家台门 ————————

主创建筑师：胡慧峰

建筑设计：胡慧峰、章晨帆、周剑飞、王棣威、李鹏飞

文保建筑设计：刘国胜、周剑飞、王棣威

给排水设计：易家松、邵煜然

暖通设计: 潘大红、毛希凯

电气设计: 张薇

弱电设计: 林华

景观设计: 吴维凌、章驰、吴敌、何颖

室内设计: 楚冉、刘婉琳

照明设计: 王小冬 赵艳秋 邢嘉仪 傅东明

EPC: 房朝君、王青、苗赛、贝思伽、李延琦、李晨

摄影师: 赵强

委托方: 绍兴市文化旅游集团

施工方: 浙江勤业建工集团有限公司

藤空间 ——————————————

胡慧峰、蒋兰兰、章晨帆、赫英爽、张簌、赵怡洁、董青、余舒烨、张栋灵、蔡成杰、冯昱

图片来源

p8

吴冠中:《吴冠中绘画艺术与技法》,人民美术出版社,
1996 年。

p12 从上至下

越牛新闻。
兰亭书法艺术学院官网。

p40

来自网络,https://www.toutiao.com/
article/6973184377245303303/ 等。

p168—171 从左至右

《明人十二像册》,南京博物院藏。
《水墨美术大系》,日本讲谈社,1978 年,第十一卷。
明万历《绍兴府志》。
《浙江通志》卷一百四十。
叶衍兰、叶恭绰:《清代学者像传》,上海古籍出版社,
1989 年。
清乾隆《绍兴府志》。
清嘉庆《山阴县志》。
尹幼莲:《绍兴地志述略》,民国二十年。
浙江省测绘局绘编《浙江省绍兴县地名志》,1980 年
10 月。
绍兴地方志编辑委员会编《绍兴年鉴》,浙江人民出版
社,2000 年。
绍兴市自然资源和规划局官网。

p178—179 第一行从左至右

明万历《绍兴府志》。
陈桥驿:《中国国家历史地理·陈桥驿全集》,2018 年。
王十朋:《会稽三赋》。
清乾隆《绍兴府志》。

p182—183

浙江省博物馆、绍兴博物馆编《另眼相看:马达罗先生
镜头下的杭州与绍兴》,文物出版社,2015 年。
濮波:《老街漫步·绍兴》,中国工人出版社,2003 年。
沈福煦:《水乡绍兴》,生活·读书·新知三联书店,2001 年。
王维友:《水乡夕拾:绍兴古桥、老屋》,浙江摄影出版社,
2003 年。
亚细亚写真大观社编《亚细亚大观》16 辑,1924—
1940 年。

本书中的建成照片由赵强、雷坛坛摄影。

图书在版编目（ＣＩＰ）数据

又见青藤：徐渭故里城市更新与改造实践初探 / 胡慧峰著 . -- 上海：东华大学出版社，2024.1

ISBN 978-7-5669-2315-8

Ⅰ.①又...Ⅱ.①胡...Ⅲ.①旧城改造－研究－绍兴
Ⅳ.① TU984.255.3

中国国家版本馆 CIP 数据核字 (2024) 第 011802 号

浙江大学平衡建筑研究中心配套资金资助

又见青藤
徐渭故里城市更新与改造实践初探
胡慧峰　著

策划：秦蕾 / 群岛 ARCHIPELAGO
特约编辑：辛梦瑶 / 群岛 ARCHIPELAGO
责任编辑：高路路
平面设计：黄莹

版次：2024 年 1 月第 1 版
印次：2024 年 1 月第 1 次印刷
印刷：盛大（天津）印刷有限公司
开本：787mmx1092mm 1/16
印张：17
字数：436 千字
ISBN：978-7-5669-2315-8
定价：238.00 元
出版发行：东华大学出版社
地址：上海市延安西路 1882 号
邮政编码：200051
出版社网址：http://dhupress.dhu.edu.cn
天猫旗舰店：http://dhdx.tmall.com
营销中心：021-62193056 62373056 62379558
本书若有印装质量问题，请向本社发行部调换。

群岛 ARCHIPELAGO 是专注于城市、建筑、设计领域的出版传媒平台，由群岛 ARCHIPELAGO 策划、出版的图书曾荣获德国 DAM 年度最佳建筑图书奖、政府出版奖、中国最美的书等众多奖项；曾受邀参加中日韩"书筑"展、纽约建筑书展（群岛 ARCHIPELAGO 策划、出版的三种图书入选为"过去35年中全球最重要的建筑专业出版物"）等国际展览。

群岛 ARCHIPELAGO
包含出版、新媒体与
群岛 BOOKS 书店。
archipelago.net.cn
info@archipelago.net.cn